从建筑写生到城市设计
——徒手表达的实践与应用

李刚 著

华南理工大学出版社
SOUTH CHINA UNIVERSITY OF TECHNOLOGY PRESS

·广州·

图书在版编目（CIP）数据

从建筑写生到城市设计：徒手表达的实践与应用 / 李刚著 . — 广州：华南理工大学出版社，2024.5
ISBN 978-7-5623-7710-8

Ⅰ . ①从… Ⅱ . ①李… Ⅲ . ①建筑画－写生画－绘画技法 ②建筑设计 Ⅳ . ① TU2

中国国家版本馆 CIP 数据核字（2024）第 101768 号

Cong Jianzhu Xiesheng Dao Chengshi Sheji —— Tushou Biaoda De Shijian Yu Yingyong
从建筑写生到城市设计——徒手表达的实践与应用

李刚　著

出 版 人：柯　宁
出版发行：华南理工大学出版社
　　　　　（广州五山华南理工大学 17 号楼　　邮编：510640）
　　　　　http: //hg. cb. scut. edu. cn　E-mail: scutc13@ scut. edu. cn
　　　　　营销部电话：020-87113487 87111048（传真）
责任编辑：周　芹
版式设计：李　刚
责任校对：洪　静
印 刷 者：广州一龙印刷有限公司
开　　本：889mm×1194mm 1/16　印张：11.5　字数：191 千
版　　次：2024 年 5 月第 1 版　印次：2024 年 5 月第 1 次印刷
定　　价：98.00 元

手绘常以钢笔、马克笔、彩色铅笔等为表现工具,已经形成一个新的"绘画"体系。这种不同于传统绘画工具所产生的艺术形式往往具有自身特点和面貌,有着独特的形式美感和时代特征,能够迎合当代人的审美情趣,容易被大众所接受和喜爱。手绘作品可分为"设计手绘"和"艺术手绘"两大类,"设计手绘"是指设计师以表达设计构思为目的的手绘图,"艺术手绘"泛指"设计手绘"以外的所有手绘作品。

建筑手绘以建筑为题材,内容包含建筑设计、园林景观设计、城市规划、室内设计等的手绘图。以建筑等为参照对象,对其进行写生叫做"画建筑",所表现的建筑手绘作品隶属于"艺术手绘"的范畴。将建筑设计等内容通过手绘的形式进行表达,使抽象思维视觉化,所呈现的作品被称为"建筑画"或"设计手绘"。两者所采用的绘画工具、表现形式等都无明显区别,只是表现的目的不同而已。

李刚是一位喜欢"画建筑"并将画建筑的技能运用到"建筑画"的年轻博士后。学术研究、设计实践是他的"主业",采用钢笔以手绘的形式写生是他的"副业",身为工科男,能够常年坚持写生本身就是一件难能可贵的事情,也只有他的坚持,才使他的艺术手绘作品已臻专业人员的水准。

在学术研究、设计实践中,他深知手绘对设计从业人员的重要性,而有多年写生经历的他不仅通过写生更加深入地认知建筑、认知城市,更懂得如何运用手绘技能表达他的设计思想。在设计表达过程中,城市区域的规划、建筑外观的设计等又反哺他在写生的过程中更多关注建筑的布局、形体、结构和细节等。

他常年游走于"设计手绘"和"艺术手绘"之间,笔下的建筑线条洒脱、飘逸,结构严谨,形体准确,色彩清新、概括,画面松弛有度、虚实得当,无论在造型刻画、表现形式还是视觉效果上都已经达到了一定的艺术水准。

其中不仅蕴含着他的绘图经验和绘画技巧,也渗透出个人的艺术和文化修养。

在我看来,他的建筑写生作品不只是一件优秀的手绘作品,更多的是对建筑的一种思考和分析,而他的"设计手绘"作品不仅是一张张实用的设计表现图,更是一幅幅具有一定欣赏价值的手绘作品。

李刚博士的这本书,展现了从城市规划专业角度对建筑写生的认知,同时也强调以建筑画认知建筑历史、城市意象,并展示了城市设计中绘画、徒手表达的应用等,全书兼具学术性与实用性,是一本适合从业人员参考的专业书籍。在与李刚博士的接触中,也能感受到他对专业的专注、对绘画的热爱,也正是这一份热情,方能有如此多的积累,作为年轻的"90后"一代,未来可期。我恭候着有关他的更多佳音!

中国美术学院副教授、硕士生导师
中国美术家协会会员
全国艺术设计委员会手绘艺术研究中心主任
2023年11月28日

序二·设计创造价值

李刚是我来华南理工大学招收的第一个博士研究生，2022年博士毕业后选择继续留校做博士后研究工作。我一直认为华工城市规划专业培养出来的博士，一定要贯通城市研究、规划研究、城市规划与城市设计，而设计能力乃是建筑学院教师的立身之本。

从社会认同来看，华工的毕业生对物质形态规划有比较强的能力，比较适合做城市设计和详细规划，所以我在广州市城市规划勘测设计研究院工作时就主张"三七开"，也就是每年的招聘中，30%为拥有人文地理学背景的毕业生，70%为拥有招聘建筑学背景的城市规划专业毕业生。

华南理工大学建筑学院是中国建筑教育的"老八校"，城市规划专业是从艺术与技术结合的建筑学背景衍生出来的，美术技能的培养是必不可少的，本科教育从来都重视学生创造性思维和设计能力的培养，所以学生擅长物质形态的城市规划和城市设计工作；硕士研究生阶段，随着师资和生源渐趋多元，社会科学及研究方法在城市规划中的运用日益普遍，学生能够从城市研究和规划研究的视角切入城市规划；博士研究生阶段，城市研究和规划研究则成为学术研究的主要内容。

李刚博士在攻读博士学位期间，作为主要参与者协助我完成了国家自然科学基金项目"基于创新网络演化视角的城市创新空间绩效评估与规划技术研究——以珠江三角洲创新型科技园区为例"，他的博士学位论文《广州开发区的科创转型及空间响应研究》获得了较高的评价，其主要内容已经编入《制内市场创新——广州开发区的实证》一书并正式出版。

他在读博期间跟随我参与了大量城市设计实际项目，他的钢笔徒手功夫给项目带来了许多便利。他先后参与了河北雄安新区启动区城市设计国际咨询、儋州市滨海新区概念性规划暨核心区城市设计、杭州之江新城概念性城市设计国际竞赛、之江未来社区规划工作营、佛山西站枢纽新城城市设计深化、珠海市深珠合作示范区后环片区城市设计等项目。

记得他来华工参加的第一个项目就是何镜堂院士主持的"河北雄安新区启动区城市设计国际咨询"，在方案比选阶段，他能够在极短的时间在A1大小的白纸上徒手画出概念性方案效果图，给我留下了很深的印象。我在这个项目中负责研究华北平原白洋淀与太行山之间的自然地理格局，研判出这是一个"人与自然"矛盾比较突出的地区，针对"平时缺水、水来了要命"的特征，提出了构筑拒马河大堤防洪、通过海绵城市维育地下水、建设地下水库抗旱的"节水城市"规划理念，得到雄安新区管理委员会领导和以中国工程院前院长徐匡迪为首的评审专家组的充分认可。

1993年，广州珠江新城开国内"城市设计国际竞赛"先河，美国托马斯夫人的规划方案胜出，提出规划一条从黄埔大道到珠江的轴线。1999年，我接手"珠江新城规划检讨"，在继承托马斯夫人平面方案的基础上重构了整体空间形态，重点是将原来放在黄埔大道边的两栋超高层建筑移到了珠江北岸，与广州塔构筑了"三塔锁江"的超级城市景观。后来这条城市轴线被延长为北起燕岭、南到珠江后航道南海心沙，长达12km的新城市中轴线。

2003年开始，我扎根南海规划二十余年。从"东西板块、双轮驱动"的东部发展战略、广佛RBD（休闲商务区）、大沥（黄岐、盐步）组团总体规划、联滘国际城市中轴线城市设计竞赛、千灯湖北延战略、南海城市中轴线城市设计竞赛到南海艺术中心片区景观设计，用一系列接续的规划设计，在SWA规划设计的南海千灯湖中轴线基础上，通过轴线北延，成功创造出了一条长12km的南起雷岗山、北到展旗峰的南海城市中轴线。

以珠江新城为核心的广州新城市轴线，与千灯湖及北延形成的南海城市中轴线，相互辉映，共同拱卫着广州近代城市传统中轴线，李刚同学的画很好地表达了都市区时代的广佛都市区的山水人文格局。

2018 年，我们参加"杭州之江新城概念性城市设计国际竞赛"，提出拥江发展时代的杭州城市已经突破了过去"青龙含珠"格局，并提出"灵山探海"的新格局，李刚同学同样是用一幅创意表现图，很好地表达了杭州的山水人文格局意象。

李刚博士从大学开始学习美术后，一直保持写生的习惯，并发展为他的一大爱好，也成了他的"人设"。印象里他有一个钢笔画的公众号，还有不少迷弟迷妹。去年工作室全体去湘西考察，他就带了画笔和速写本，每每遇到美景他总要画上一幅，一次短暂的行程竟也收获满满。这次他能够获得学校"双一流"学科建设基金的资助，将积累的建筑写生作品、城市设计表现图等整理出版，我很为他高兴。

我乐于推荐这样一本既朴质又有诚意的好书。一方面，这本书很朴质，忠实地记录了他的成长经历；另一方面，这本书还很有诚意，加入了钢笔画技巧、技法的讲解，兼具实用性、工具性。李刚同学踏踏实实，一步一个脚印一路走来，我期待他未来鹏程万里，能有更好的发展。

袁奇峰

华南理工大学建筑学院教授、博士生导师
广东省城市创新发展研究会会长
2024 年 5 月 1 日

目录
CONTENTS

上篇·建筑写生
ARCHITECTURAL SKETCH

01 基本理论
Basic Principles

1.1 基本笔法与笔法组合

基本笔法

笔法是画面绘制的最基本组成，了解和掌握基本笔法是必要的，特别是对于初学者，有助于打破不知如何入手的窘境。笔法形式有多种，不同的画者也有不同的习惯。运用时应不拘泥于一种或几种笔法，而要根据不同画作做到运用自如。以下为五种基本笔法。

轻描

笔尖一般较为锐利，将笔尖轻压于纸面，来回轻轻滑过纸面，留下较为顺畅而轻盈的线条。轻描有利于画面不确定时寻找画面定位，多用于画面初期起稿和细节刻画。（如图1-01、1-02）

勾勒

视不同需求以不同力度将笔尖压于纸面，从头到尾一次性画出所需图形。勾勒线条干净利落、肯定干练，多用于画面较肯定部分或者对于画面定位要求不高的配景、周边环境等的绘制。（如图1-03、1-04）

图1-01

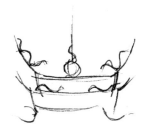

图1-02

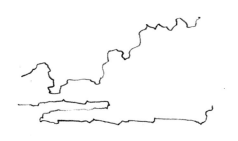

图1-03

图1-04

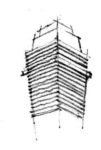

排线

排线是运用最多的笔法。将笔尖侧放，沿同一方向或同一角度排列绘制。多用于暗面和阴影部分的表达，也可用于一些特殊材质或形态的表达，如栏杆、条形窗等。（如图1-05、1-06）

图 1-05

图 1-06

重笔

一般笔尖较钝，将笔尖重压于纸面，使用较大力量画出重笔线条。多用于局部小面积暗部或阴影的表达，如窗户骨架的阴影、檐下局部挑出的阴影等。（如图1-07、1-08）

图 1-07

图 1-08

随形

根据建筑材质或要素形状，用契合的形状予以刻画，反映特定材质或要素的形状特征，如屋顶瓦片、玻璃幕墙、配景中花草叶片等的刻画。（如图1-09、1-10）

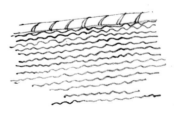

图 1-09

图 1-10

笔法组合

在基本笔法基础上，通过笔法组合可创造出更多的表达形式，满足不同画面的表达需求。笔法组合大体可分为两种，其一为同种笔法经由不同力度、不同方向等进行组合，其二为两种或两种以上笔法通过衔接、叠加等进行组合。笔法组合不能一概而论，要根据实际绘制场景、表达内容进行选择。

线型组合

线型组合是指两种或两种以上基本笔法相互衔接，分别表达不同内容。图 1-11、1-12 为"轻描+重笔+排线"组合案例，以轻描绘制建筑轮廓，排线表达建筑阴影明暗关系，重笔刻画局部形体凸凹而形成的阴影转折关系。

线型叠加

线型叠加是指两种或两种以上基本笔法相互交叠，分别表达不同内容。图 1-13、1-14 为"重笔+排线"组合案例，以排线表达建筑檐下形成的大面积阴影，以重笔叠加刻画檐下局部挑出形成的转折关系。

图 1-11

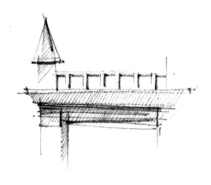

图 1-12

图 1-13

图 1-14

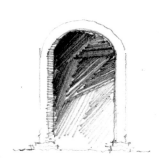

图 1-15

图 1-16

力度组合

力度组合是指通过不同力度可绘制出不同深浅的线条，将不同深浅的线条组合在一起可形成光影转折、渐变等多种效果。其中不同力度排线组合最为常见，如图 1-15、1-16，通过不同力度排线组合描绘出门洞内"上暗下亮"的退晕关系。

同向叠加

同向叠加是指同种线型沿相同方向进行叠加，其中同方向排线叠加最为典型。叠加形成不同深度面域，多用于表达不同深度明暗面及阴影。如图 1-17、1-18，通过排线同向叠加表达曲面暗部的渐变关系。

交叉叠加

交叉叠加是指同种线型沿不同方向进行叠加，其中不同方向排线叠加最为典型。叠加形成不同深度和不同形状，可用于暗面和阴影的表达，也可用于特定材质的表达。如图 1-19、1-20，以排线交叉叠加表现屋面瓦片。

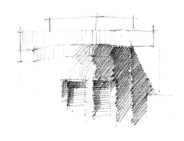

图 1-17

图 1-18

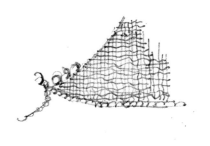

图 1-19

图 1-20

1.2 场景选择与整体框架

场景选择

在建筑写生中，场景选择是首要因素。而场景选择的关键在于透视因素、构图因素、时间因素三个方面。透视因素主要影响视野内观察到的建筑物的面向，构图因素主要影响视野内建筑物所占的比例，时间因素主要影响建筑物的光影关系。以下给出一般情况下场景选择的原则和建议。

透视因素
根据透视原理，视野内建筑物基本面比例随着观察者相对建筑物的方位变化而变化，因此透视因素即指观察者相对于建筑物的方位选择。如何选择观察方位？提供以下三点原则和建议。

①根据所表达建筑的主要面选择。这会决定主要面和次要面在视野中所占的比例，如图1-21至1-27，若A面为表达主要面，应选取角度1至角度3之间方位；若A、B两面均为主要面，二者比例可适当相近，应选取角度3至角度4之间方位，如图1-28台北凯歌堂透视角度的选择。

②根据建筑特性选择。选择契合建筑特性的透视角度，如传统庙宇、宫殿建筑等，立面严格的左右对称是其最大特点之一，可考虑选择一点透视，即角度1或角度6。如图1-29台北圆山宾馆角度选择，作为台湾当代宫殿式建筑，正立面一点透视最能反映其特征。

③根据画面立意选择。一般而言，建筑写生多数表达建筑比例、建筑构造等，但也会有一些特殊的画面立意，如反映一定的社会现实、历史文化等，特殊立意需要选择特定角度。如图1-30台北北门角度选择，通过绘制当时北门被电线、高架桥等层层包围的现状，反映历史建筑虽保留却未被有效保护的特殊立意。

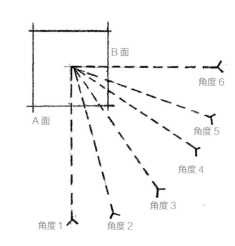

图1-21

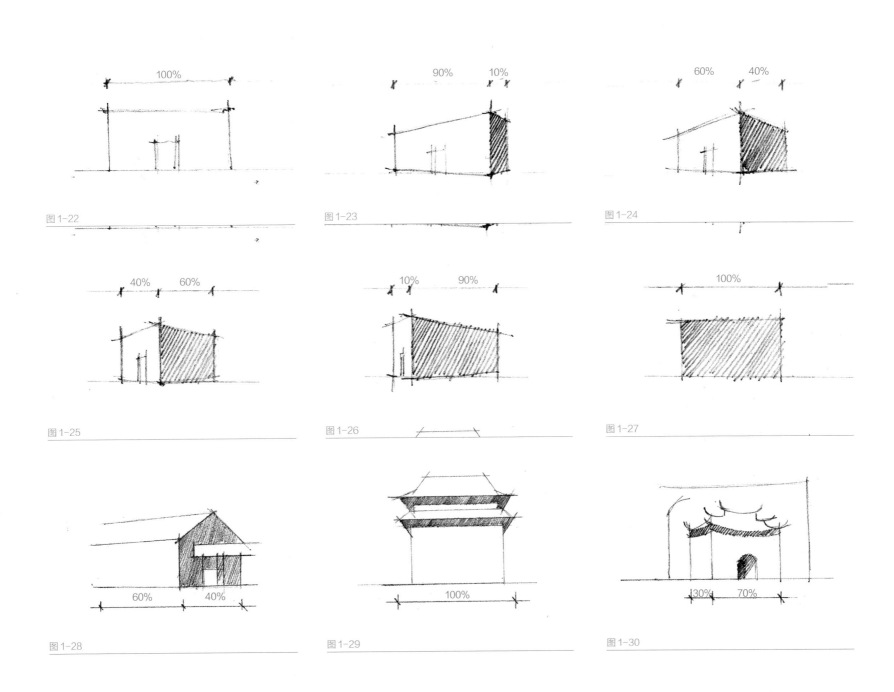

100%

图 1-22

90%   10%

图 1-23

60%   40%

图 1-24

40%   60%

图 1-25

10%   90%

图 1-26

100%

图 1-27

60%   40%

图 1-28

100%

图 1-29

30%   70%

图 1-30

构图因素

观察者与建筑间的距离影响建筑在视野内所呈现的大小,进而影响画面构图,构图因素即是指观察者与建筑间的距离选择。若二者相距太近,视野内不能呈现所表达建筑的全貌,难以保证完整性;若相距太远,视野内建筑所占比例太小,细节观察不清晰便难以刻画。构图因素与视野大小的关系如图 1-31 至 1-35 所示。

表达体型较大建筑时,画者应距建筑较远;反之应较近。通常应使所表达建筑或建筑局部能够完整地呈现在视野中,约占视野比例的 60%~80% 为宜,如图 1-34 所示。如图 1-36、1-37表达了对台北凯歌堂与台北圆山饭店观察距离的选择,凯歌堂体量小,则观察点距离建筑要近,圆山饭店体量大,观察点距离建筑则要远。

时间因素

不同的时间日照角度不同,形成的光影关系也不同。对于建筑写生,特别是对于光影关系掌握较弱的初学者而言,时间的选择非常重要。合适的时间,光影关系明确,有利于清晰地反映建筑的特点,也有利于初学者逐渐掌握光影原理、培养光影感觉。一般而言,以主要建筑面光影明确为基本原则,针对绘制时间选择具体给出以下两点原则和建议。

①通常宜选择上午或下午。相较于中午的太阳直射,上午和下午的日照角度大、光照柔和,形成的光影关系清晰明确。特别是户外写生,上午和下午阳光柔和、气温适宜。

②根据所表达主要建筑面的朝向来选择绘制时间。例如,若所要表达的主要建筑面朝向西,选择下午或黄昏为宜,如此西立面光影关系明确,能更好地反映建筑特点。如图 1-38 所示,真理大学牛津学堂主立面朝向西南,绘制时间为下午 4:30 左右,光感良好。

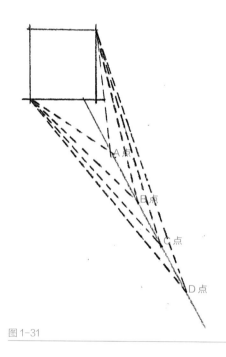

图 1-31

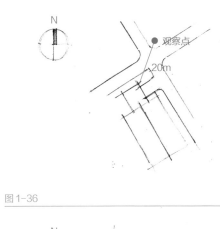

图1-36

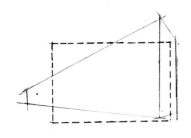

图1-32 A点

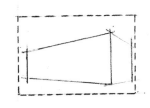

图1-33 B点

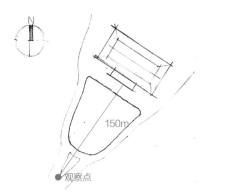

图1-37

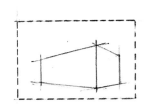

图1-34 C点

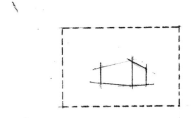

图1-35 D点

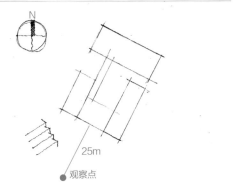

图1-38

整体框架

整体框架是指画面整体层面所涉及的问题，相较于画面细节而界定。若将画面缩小为实际尺寸的1/10，如此画面细节自然会被缩略，此时画面所能显示出的问题即为整体框架问题。整体框架可归纳为透视关系、比例关系、光影关系三个方面。

透视关系

透视原理是一个相对复杂的知识体系，将其完全讲述清楚并非易事，也不是本书目的。因此，我们仅需将复杂的原理简单化掌握，以满足建筑写生需求即可。相关训练可以分为两个部分，其一，在透视基本原理指导下训练透视感觉，过程中以透视原理矫正感觉偏差；其二，通过观察估算取代透视原理中的精确计算。

1）基本原理

基本透视原理可从"视点"与"灭点"两个关键词理解。视点指观察者眼睛所处的位置，灭点则指透视的消失点，亦即画面内透视线延长的相交点。如图1-39所示，建筑的面域可分为垂直面域、水平面域、斜向面域。根据透视的基本原理，平行于 AD 的线消失于灭点 V，平行于 DF 的线消失于灭点 V'，而平行于 DG 的线消失于灭点 V"。灭点 V 与 V' 所在的同一水平线即视平线，灭点 V" 位置则受屋面坡度影响。基本原理如此，然而在实际绘画中却容易出现透视关系的紊乱。因此在绘制过程中，特别对于初学者而言，当画面不确定时多以原理矫正感觉偏差。

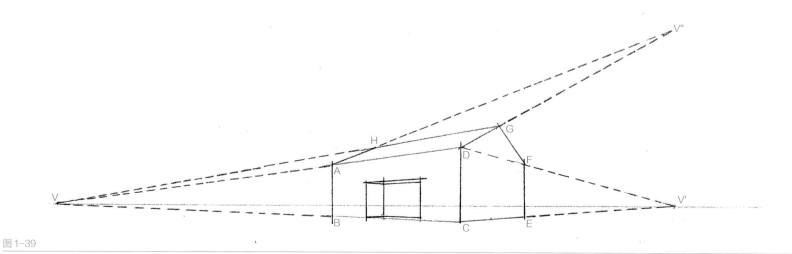

图 1-39

2）观察估算

根据上节所述，仅能确定各个面域的走向，但不能确定其大小及比例关系。透视中面域大小及比例关系是可依据透视原理严谨计算出的，但计算过程十分繁琐。在写生过程中，如何较为简单地解决此问题？本书提出用观察估算法，包括角度的观察估算和比例的观察估算，具体步骤如下，如图1-40所示。

①根据画面大小确定 CD 线段的长度。

②观察估算 α 角度大小，确定 AD 与 BC 走向，即确定灭点 V。

③观察估算 AD、BC 与 CD 线段比例关系，AD ≈ BC ≈ 1.5×CD，以 CD 为基础确定 AD、BC 长度，进而确定 AB。

④同理，分别通过观察估算确定 V' 和 V"，以及其他面域的大小及形状比例。

观察估算必然不准确，因此在观察估算时，还应参考建筑体量间的比例关系，通过比较不同体量，相互校核调整。

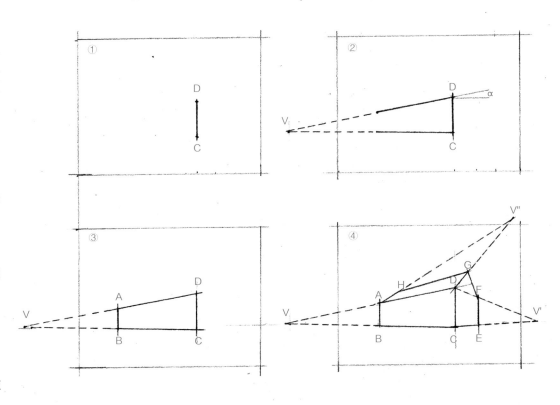

图1-40

比例关系

建筑画不同于风景画，我们在绘制建筑画时要思考和提取设计师赋予建筑的比例关系。如何较为准确地表达建筑体量之间的比例关系？可采用分段估算和相对位置校定两种方法。

1）分段估算

将建筑体量进行三维分段，观察其比例关系。此处谈及的比例关系是指在透视角度下呈现出的比例关系。如图1-41，体量 A 为房屋整体，体量 B 为左侧凹入门厅。

①体量 A 与体量 B 相比较，$X_a : X_b \approx 5 : 2$，$Z_a : Z_b \approx 3 : 2$。

②A 体量内部相比较，$X_a : Y_a \approx 3 : 2$，$Y_a : Z_a \approx 1 : 1$。

③B 体量内部相比较，$X_b : Z_b \approx 3 : 2$。

此方法可以用于确定建筑体量与环境之间的比例关系。

2）相对位置校定

通过相对位置校定，可相互校正各体量相对比例关系，从而更准确地确定体量相对位置关系，如图1-42。

①对 X 轴间距进行比较，大致可以分为 4 等份，$X_1 - X_2 \approx X_2 - X_3$，$X_3 - X_4$ 约是前者的两倍。

②对 Z 轴间距进行比较，$Z_1 - Z_2$，$Z_2 - Z_3$，$Z_3 - Z_4$ 的比例约为 $3 : 4 : 3$。

此方法可用于确定建筑体量之间的比例关系。

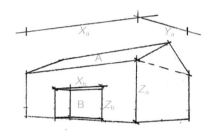

图1-41

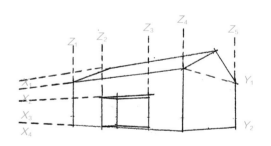

图1-42

光影关系

在建筑写生中除透视关系、比例关系外，也应充分表达出建筑的光影关系，这样才能更加完整表达建筑体块转折、空间关系、环境光感等。光影关系是指建筑体量在太阳光照射下形成的明暗关系、阴影关系。同透视关系一样，光影关系是可以精确计算的，但其计算过程更加繁琐。建筑写生的光影关系通过观察估算大略表达即可，最重要的为如下两个方面。

1）分面及阴影

在自然环境中，阳光自上而下投射于建筑，形成亮面、暗面、阴影三个层次。亮面为阳光可照射到的建筑面，即迎向阳光的面。暗面为阳光照射不到的建筑面，即背向阳光的面。阴影为由于建筑遮挡而在其他建筑面或地面上形成的投影。如图1-43，太阳光线照射于建筑，形成如图所示的分面及阴影关系。

2）退晕

退晕是一种细微的光影变化，退晕的表达可产生光感和空气感，对于深入表达建筑起着非常重要的作用，退晕产生缘由有很多，主要有以下几个方面：因地面反光产生的上暗下亮；因视觉因素产生的上暗下亮；因透视因素产生的近深远浅。如图1-44为因地面反光产生上暗下亮的原理图，如图1-45为因视觉因素产生上暗下亮示意图。退晕变化微弱，需细心观察。

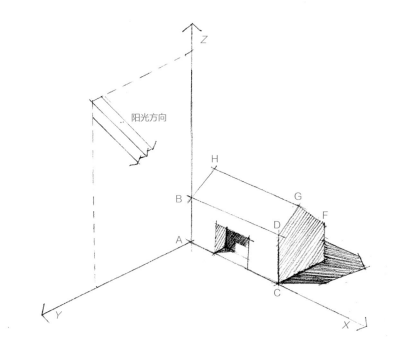

阳光方向

图1-43

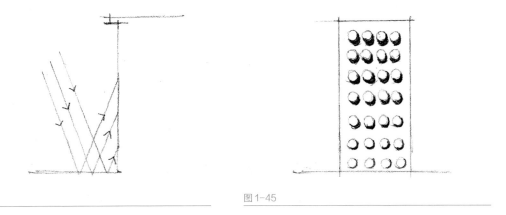

图1-44　　　　　　　　　　　　图1-45

1.3 细节取舍与配景处理

细节取舍

建筑细节的表达，并非事无巨细地刻画，而需根据表达重点、画面构图、绘制风格等多种因素进行取舍。以下将建筑细节分为大面域细节、小构件细节两类，分别阐述取舍的原则和方法。

大面域细节取舍

大面域细节是指一个完整较大面域内的建筑细节，多为重复出现的构件、材质等，如屋顶面域内的瓦片、墙体面域内的墙砖等。

1）根据表达重点取舍
不同画作所表达的重点不同，可能为建筑的空间关系、体量比例、与环境关系等多方面。细节刻画应选重点表达面域进行深入刻画，而舍弃重点以外的细节，使其成为陪衬，以烘托表达主体。如图1-46为新北三峡祖师庙，建筑比例是表达

重点之一，舍去屋顶瓦片以留白处理，使之与建筑下部形成明确的对比关系。

2）根据光影原理取舍
画面中有退晕关系，一般从画面核心到边缘会产生由深到浅的变化。在进行画面表达时，应细心观察退晕关系，根据退晕原理进行细节取舍。如图1-47为台北圆山大饭店，根据上暗下亮的退晕关系取舍，细节刻画上精下略。

3）根据画面风格取舍
由于所表达建筑的不同，立意各异，画面风格可能浓墨重彩，也可能清新淡雅。为保证画面整体风格统一，各面域细节取舍程度应保持一致。如图1-48为淡水真理大学牛津学堂，画面整体轻松淡雅，舍去屋面瓦片、墙面红砖以留白处理。

图 1-46

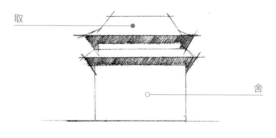

图 1-47

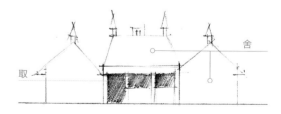

图 1-48

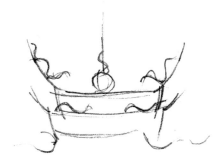

图1-49

小构件细节取舍

小构件细节是指一个相对独立、尺度不大的建筑构件，是相较于大面域细节而界定的，如传统古建筑屋顶的飞檐走兽、檐下的斗拱、西方古典建筑屋顶尖塔等。对于小构件细节取舍的原则是"舍其形而保其意"。以屋面瓦片为例，当以屋面为面域进行取舍时，参照上文所述大面域取舍原则；当选择对瓦片进行表达时，每一个瓦片则被视为一个小构件，参照以下取舍方法。

1）提取概括

提取概括是指将细节概括为简洁的形式，通过简洁的勾画表达出细节的感觉和意象。多用于处理复杂繁琐、形态变化多样的细节，如图1-49新北三峡祖师庙屋脊装饰细节处理。

2）光影刻画

光影刻画是通过着重表达细节内部形成的光影关系，刻画出细节的形态和意象。多用于处理几何关系较为明确的细节，如图1-50淡水真理大学牛津学堂屋脊小尖塔细节处理。

3）抽象重复

抽象重复是指将相同的细节形态抽象出来，通过抽象形态的重复来表达细节的感觉和意象。多用于大面域内重复要素的表达，如图1-51台北圆山大饭店屋面瓦片细节处理。

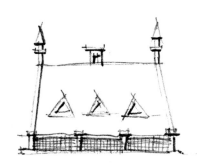

图1-50

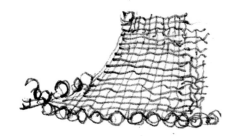

图1-51

配景处理

在建筑写生中，建筑为表达主体，配景多数是起衬托和烘托作用。衬托是指将配景作为陪衬突出建筑主体。烘托是指通过配景渲染画面的氛围，使得画面生动活泼，富有生活气息。配景根据不同的属性可有多种划分。根据配景的事物类别，可分为树、人、车、石等。根据与建筑主体的空间关系，可分为近景、中景、远景。此处以与建筑主体的空间关系为划分标准，讨论近、中、远景的处理方法。

近景处理

近景是指画者与建筑主体之间的景物，可以选择简略表达，也可选择精细表达。一般而言，对于距离观察点较近的景物，采用简略表达方式，将配景抽象为简洁图形或形态，对建筑主体起到类似于景框的作用，以衬托建筑主体；对于距离建筑较近的景物，又根据其所处画面内位置的不同而有所区别，位于画面核心者应与建筑主体采用对等深度予以刻画，处于画面边缘者应适当简略。如图 1-52 桃园火车站近景处理，仅勾勒广场中

大树轮廓，衬托车站主体；如图 1-53 台北凯歌堂近景处理，因其处于画面核心位置，与建筑主体采用对等深度，精细刻画。

中景处理

中景是指与建筑主体同处于平行于画面空间内的景物。多数中景景物处于建筑两侧，即画面的边缘，因此根据核心边缘关系及退晕关系，多简略表达。通过勾勒方式勾画出景物大致形态，应予以次于建筑主体的刻画深度。如图 1-54 为淡水真理大学牛津学堂中景处理。

远景处理

远景是指画者视线方向远离建筑主体的景物，可能为远处的山体、树木、建筑物等。多数为简略表达，通过勾勒方式勾画出景物大致形态，可略作修饰也可仅有轮廓，使其成为画面整体的背景衬托。在简略表达的过程中，选择主要的远景景物予以刻画，无需精确地定位，重在表达远景的背景效果。如图 1-55 为台湾大学校门远景处理。

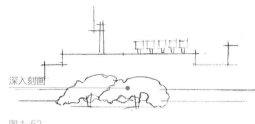

深入刻画

图 1-52

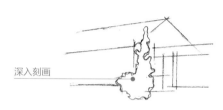

深入刻画

图 1-53

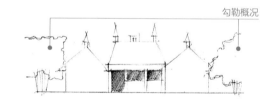

勾勒概况

图 1-54

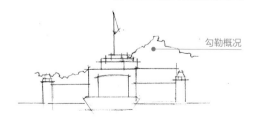

勾勒概况

图 1-55

配景示例

建筑写生中常见的配景包括树木、车、人，以及城市环境中的各种要素。如下两组图展示了一些常见配景绘法，见图1-56、1-57。

图1-56

图 1-57

1.4 色彩基本原理与表达

色彩原理

色彩具有三要素——色相、明度、纯度，它们之间相对独立又互相关联、互相制约，构成色彩的基本原理。

色相

色相即色彩的相貌。将红、橙、黄、绿、蓝、紫以顺时针的环状形式排列，可以组成最简单的色相环。以这六种色彩为基础，求出它们之间的中间色，可以得到十二色相环，每一色相间距为30°，如图1-58所示。进而可以求出二十四色相环，每一色相间距则为15°。

明度

明度是指色彩的明暗程度。从黑到白的灰阶刻度是一个单纯的明度系列，建筑素描、钢笔画就是单独以明度来表现的。而每一种颜色在不同强弱的光线照射下呈现出不同的明暗差别，颜色与白色混合，可以提高其明度，与黑色混合，可以降低其明度。如图1-59，色环由外向内是混合黑色比例逐渐增加、明度逐渐降低的效果。

纯度

纯度是指色彩的纯净程度。颜色越是鲜艳，纯度就越高，所以纯度最高的颜色是原色，在原色中加入不同明度的无彩色（黑、白、灰），会出现不同的纯度。颜色中加入白色，比例越大，颜色越淡，纯度下降，明度持续上升；颜色中加入黑色，比例越大，颜色越深，纯度和明度同时下降。如图1-59，色环由外向内是混合黑色比例逐渐增大，明度和纯度逐渐降低的效果。

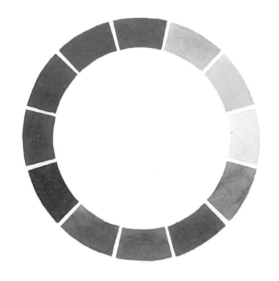

图 1-58

图 1-59

色彩表达

色彩原理是一个相对系统和复杂的知识体系，建筑写生并不需要事无巨细地掌握所有的原理知识，且建筑写生以马克笔表达色彩最为方便。根据经验，主要应关注四个方面，如下以FINECOLOUR（法卡勒）马克笔为例阐述说明。

冷暖基调

冷暖基调是最先需要做出的判定和选择。一般而言，阳光明媚表现为暖色基调，天气阴沉则表现为柔和的中性或偏冷基调。冷暖基调会对固有色彩及明暗关系的表达产生直接的影响。

固有色彩

固有色彩是指建筑材质、周边环境的树木绿植等自身具有的颜色，应按照现实色彩选择相近颜色，同时还应考虑冷暖基调。以画面中常见的树木绿植为例，在暖色基调下，宜选择 YG 系列色号或 G 系列色号叠加 Y 系列的淡黄色表达；在中性或偏冷基调下，宜选择 G 系列色号表达。

明暗关系

明暗关系是指因迎光面、背光面、阴影而产生的不同明度变化，冷暖基调直接影响明暗关系的色彩表达。在暖色基调下，宜选择 YG/WG/PG 系列灰色来表达；在中性基调下，宜选择 SG/NG/TG 系列灰色来表达；在偏冷基调下，宜选择 CG/BG/GG 系列灰色来表达。

与此同时，还应注意高光的提亮表达。在暖色基调下，可以用 Y 系列的淡黄色做提亮；在中性或偏冷基调下，可以用白色的色粉笔或修正液予以局部提亮。

色彩映射

色彩映射是指现实空间中色彩的相互叠加、相互融合，例如阳光照射树木绿植，它的绿色会映射在附近的建筑与环境上，所以要在周边叠加一定的绿色。色彩表达要关注到这种映射关系，才会贴合现实而显得自然。

02 范例分解

Example Analysis

2.1 西安碑林博物馆之碑亭

建筑简介

西安碑林博物馆由碑林、孔庙、石刻艺术室和石刻艺术馆共同组成。孔庙在南，碑林在北，原本各有范围，自孔庙大成殿毁于雷火后，二者用地界限模糊，之后合为一体，孔庙成为前院[1]。

碑林博物馆是一个明清古建筑群，整体呈中轴线布局，绿树掩映、古朴典雅，图绘是位于轴线正中的碑亭，为两层攒尖顶亭式建筑，处于三面围合的院落空间之中[2]。

绘制简介

画面尺寸：8 开速写本
绘制用时：45 分钟
完成时间：2015 年

场景选择

透视因素

碑林博物馆整个建筑群坐北朝南，沿南北轴线对称布局，碑亭位于轴线的正中，为表达其轴线对称特点，故选择一点透视，如图 2-01。

构图因素

碑亭是中国传统园林亭式建筑，体量较小，故观察距离相对较近，以保证碑亭在画面中有合适尺寸，能够刻画瓦当、椽子、斗拱、阑额等建筑细节。此幅写生绘制的观察点位于轴线正中，距碑亭约30m，如图 2-02。

时间因素

建筑坐北朝南，选择轴线正中一点透视表达，故时间选择上午或者下午都较为适宜，此时阳光成一定角度照射，阴影关系明确、光感良好，此幅写生绘制时间为下午 4:00 左右。

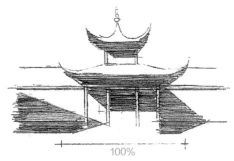

100%

图 2-01

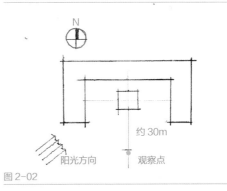

N

约30m

阳光方向　观察点

图 2-02

整体框架

透视关系

因表达采用轴线正中的一点透视，透视关系相对简单，消失线指向的灭点位于画面中央，与视平线平齐，如图 2-03。但由于古建筑的形态，屋角起翘，需要参照消失线做相应调整。

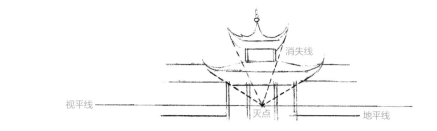

消失线
视平线 ————————————— 地平线
灭点

图 2-03

比例关系

该幅写生为一点透视，建筑比例关系主要存在于 X、Z 轴两个方向。X 轴为正立面横向尺寸，为三开间，中间开间略大于两侧开间；Z 轴为正立面纵向尺寸，上、下分为两层，具体比例关系如图 2-04。

光影关系

写生时间是一个秋日阳光明媚的下午，明暗关系明确。阴影包括檐下阴影、碑亭内阴影、碑亭投向东侧的阴影及西侧建筑与树木投下的阴影；暗面主要为檐下部分及柱子侧面。阴影和暗面主要通过排线表达，同时表达自上而下的退晕关系以及自中间向两边的省略关系，如图 2-05。

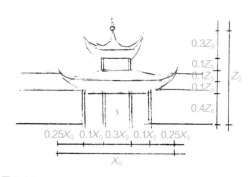

$0.3Z_0$
$0.1Z_0$
$0.1Z_0$
$0.1Z_0$
Z_0
$0.4Z_0$

$0.25X_0$ $0.1X_0$ $0.3X_0$ $0.1X_0$ $0.25X_0$
X_0

图 2-04

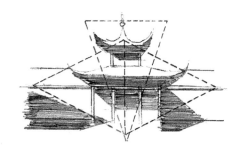

图 2-05

细节取舍

大面域细节取舍

大面域主要可分为两部分：一是屋顶，为光照的亮面，选择不具体表现瓦片，留白处理；二是檐下部分，是背光面和阴影区，有瓦当、椽子、斗拱及阑额等建筑细部，相对精细刻画，与屋顶留白形成鲜明对比，如图2-06。

小构件细节取舍

小构件主要是檐下的建筑细部，通过勾勒形状刻画，以小圆圈勾画出瓦当形状、以小方形刻画椽子、以小曲线勾勒出斗拱感觉、以横线分割出阑额，叠加以横向排线，以表达总体的暗面与阴影区，如图2-07。

配景处理

画面中配景主要包括近景和中景两个层次，近景部分离画面近，精细刻画，中景部分主要概括植物形态和光影关系，如图2-08。

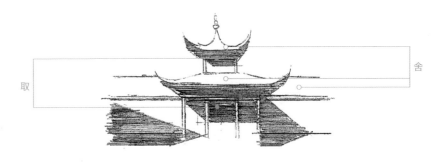

图2-06

图2-07

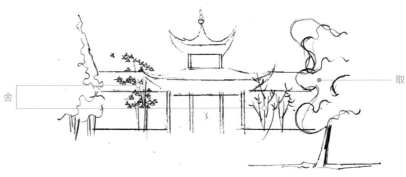

图2-08

2.2 台北凯歌堂

建筑简介

凯歌堂位于台北士林公园内,原为一幢供日常礼拜之用的教堂建筑,相较于传统教堂,没有繁琐装饰、尖券穹顶,而是一幢一层红砖建筑,屋顶为木架构,屋面铺灰色水泥瓦,外表平实,但是建筑檐口、山墙处理却又很用心。

绘制简介

画面尺寸:8 开速写本
绘制用时:45 分钟
完成时间:2015 年

场景选择

透视因素

凯歌堂最用心之处在于檐口及山墙部分,分别位于 A、B 两面域,透视角度选择如图 2-09,可同时观察到 A、B 两面。两面相比较,檐口部分更有特点,因此侧重表达 A 面,选取透视角度 A:B 约为 6:4。

构图因素

凯歌堂是一幢一层建筑,体量较小,且重点选择表达其檐口及山墙。为深入刻画建筑细节,观察距离不宜太远,此图绘制的观察点距建筑主体约 20m,如图 2-10。

时间因素

凯歌堂坐南朝北,建筑主立面为东、西立面,选择清晨(或黄昏)较为适宜,此时阳光斜射角度较大,东(西)立面阴影关系明确、光感好,此图绘制时间为上午 9:00 左右。

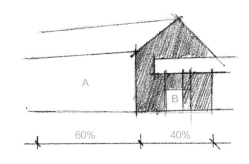

图 2-09

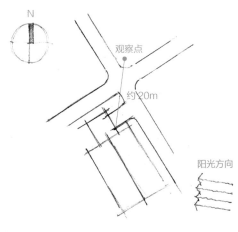

图 2-10

整体框架

透视关系

凯歌堂是一个坡屋顶建筑，且选择两点透视，因此透视关系有三个灭点，分别位于画面的左右两侧以及右上方，如图 2-11。但因观测点离建筑较近，故各消失线角度较小、灭点较远。

比例关系

此幅写生选取两点透视，图中的建筑比例关系存在于 X、Y、Z 轴三个方向。X、Y 轴的方向各为一段，分别为建筑东立面、北立面，Z 轴方向可分为上部屋顶、下部建筑主体两段，比例关系约为 2:3，如图 2-12。

光影关系

写生时光线良好，建筑分面明确。阴影主要包括建筑檐下阴影、东立面窗户内阴影、建筑投向北侧的阴影三部分，暗面主要为北立面。大面积阴影及暗面通过排线表达，局部阴影采用重笔笔法刻画，同时自右向左逐渐省略刻画退晕关系，如图 2-13。

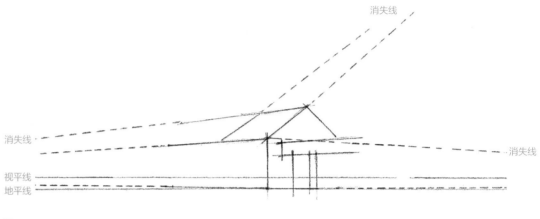

图 2-11

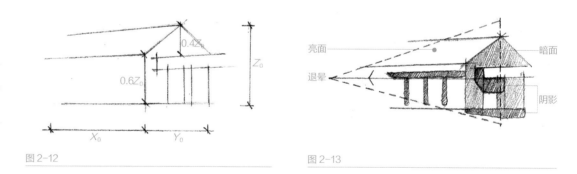

图 2-12

图 2-13

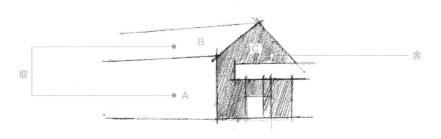

图 2-14

细节取舍

大面域细节取舍

在此写生场景内，建筑可分为三个面域，画面核心定位在画面左侧，A、B 两面较为写实地刻画出屋面瓦片、墙面窗户、檐下挑出等，C 面则省略表达，同时 A、B 面域从右到左随退晕关系逐渐省略，如图 2-14。

小构件细节取舍

檐口多次挑出是凯歌堂的重要细节之一，由于挑出次数多且挑出尺度小，因此采取光影刻画的手法，不逐一绘制挑出部分的轮廓，而是通过重笔绘制挑出形成的阴影，通过阴影表达挑出形成的转折关系，如图 2-15。

图 2-15

配景处理

画面中，配景主要包括近景和远景两个层次。近景部分处于画面核心，需精细刻画；远景部分仅粗略概括其轮廓和光影关系，如图 2-16。

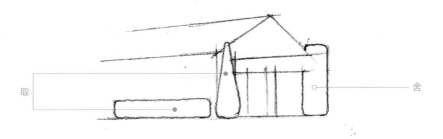

图 2-16

2.3 山西晋中常家庄园之观稼阁

建筑简介

常家庄园位于山西省晋中市榆次区东阳镇车辋村，常家曾是万里茶路上晋商的代表。在清乾隆年间，常家宅院、园林建设也进入鼎盛时期，而近代以来多次被破坏，现今留存部分（2000年修复）只有鼎盛时期的四分之一，主要包括一条街的宅院建筑群及宅院北面的园林——静园[3]。

观稼阁是静园的主要建筑，位于观稼山上，依坡建有基座，主体建筑为明三层、暗五层的阁楼，近观显得挺拔，远观掩映在园林中又显得灵动[4]。

绘制简介

画面尺寸：8开速写本
绘制用时：50分钟
完成时间：2013年

场景选择

透视因素

观稼阁是静园中的最高建筑，且四周开阔，从各个角度都能被看到，故选择两点透视，符合游人在园林中看到的一般角度，如图2-17，可同时观察到A、B两面，以向阳的立面为主要表达面，选取透视角度A:B约为7:3。

构图因素

本幅写生旨在表达建筑单体，认知和解析阁楼的形制和构成，故选择离建筑较近的观察点，以囊括全貌，绘制的观察点距建筑主体约40m，如图2-18。

时间因素

观稼阁主立面朝向东南的昭余湖，写生时间为下午4:30左右，阳光照射到西南立面，所以观察点选在建筑西南侧，将西南立面作为本幅写生的主立面，东南立面是背光面，如图2-18。

图2-17

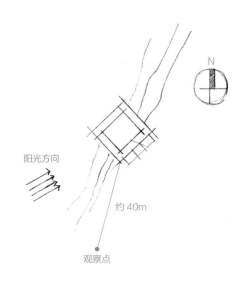

图2-18

整体框架

透视关系

观稼阁平面为方形，在两点透视原理下，所观察到的西南立面和东南立面主要指向两个灭点，分别位于画面左右两侧，建筑立于土坡台基上，透视角度大，如图 2-19。

比例关系

此幅写生为两点透视，图中的建筑比例关系存在于 X、Y、Z 轴三个方向。X 轴、Y 轴分别为西南立面、东南立面，$X_0 : Y_0$ 约为 $7 : 3$。Z 轴为建筑高度方向，从基座到一层的檐口，再到二层的檐口，再到屋顶的檐口，再到顶尖大约可分为四等分，如图 2-20。

光影关系

写生时光线良好，光影关系明确，东南立面是整体的背光面，西南立面的檐下及阁楼内也形成暗面和阴影，大面积阴影及暗面通过排线表达，局部阴影采用重笔笔法刻画，同时表达自上而下的退晕关系，如图 2-21。

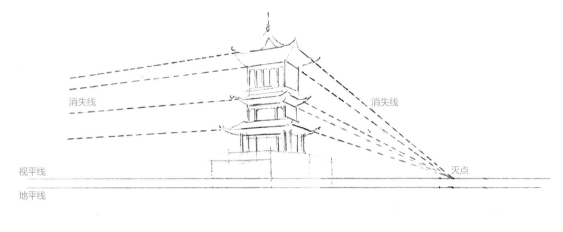

图 2-19

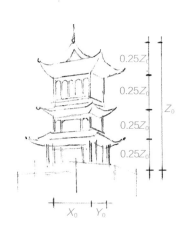

图 2-20

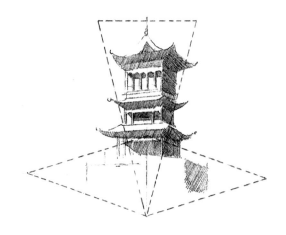

图 2-21

细节取舍

大面域细节取舍

在此写生场景内，画面主要分为西南立面、东南立面、台基部分三个面域。画面核心定位在西南立面，作精细刻画；东南立面为背光面，整体以交叉排线处理；台基部分在下部，遵循自上而下的退晕关系及自画面中心向外围的省略关系，以勾勒外廓简单处理，如图 2-22。

小构件细节取舍

观稼阁是传统的中国木结构建筑，挑出、斗拱及雕饰等建筑细节丰富，通过线条勾勒，采取表意而不表形的方式进行刻画。

配景处理

画面中，配景主要位于画面底部的两侧。根据自上而下的退晕关系及自中心向两边的省略关系，配景部分主要采取勾勒概括处理，如图 2-23。

图 2-22

图 2-23

2.4 台北 101 大楼

建筑简介

台北 101 大楼是台湾面向 21 世纪现代城市建设的标志，位于信义计划区的中心位置。大楼高耸挺拔，全身包裹蓝色玻璃幕墙，呈现超越单一体量的设计观，以中国人的吉祥数字"八"作为设计单位，以八层楼为一个结构单元，彼此接续，层层相叠，在外观上形成有节奏的律动美感，造型宛如劲竹，节节高升、柔韧有余[5]。

绘制简介

画面尺寸：8 开速写本
绘制用时：60 分钟
完成时间：2015 年

场景选择

透视因素

大楼为抗风设置巨大的调谐质块阻尼器，为防震设置巨型结构，同时也以透明、清晰的特点营造视觉穿透效果。两点透视更能呈现大楼稳固敦实又柔韧有余的风格，如图2-24。

构图因素

大楼为典型的现代超高层建筑，高达508m。为完整地表达建筑，需将建筑主体完整纳入视野之内，因此观察点需距离建筑主体很远。此幅写生的实际绘制地点距建筑主体约600m，跨越了一个街区，如图2-25。

时间因素

大楼为现代塔楼式建筑，东、南、西、北四个立面完全相同，任何时间均有合适的观察位置。此幅写生的观察点在建筑的西北方位，绘制时间为下午3:00左右。

50%　50%

图2-24

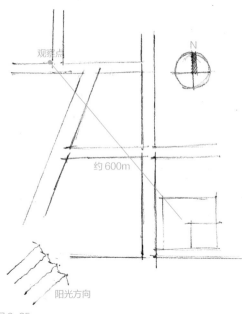

观察点

N

约600m

阳光方向

图2-25

整体框架

透视关系

在两点透视原理下，所观察到的西立面和北立面主要指向两个灭点，分别位于画面左右两侧，大楼为超高层建筑，透视角度大，如图 2-26。

比例关系

大楼平面为方形，为塔楼式超高层建筑。X、Y 轴方向无分段，尺度即为透视角度下平面方形边长，透视角度选择五五分，故 X_0 与 Y_0 相等。而沿 Z 轴分三段，自上而下分别为塔尖、塔身、底层裙房，比例约为 $1:8:1$。塔身部分以八层为一个单位又等分为八段，如图 2-27。

光影关系

写生时间为下午，故西立面是向光面，北立面是背光面，光影分面如图 2-28，但绘制当天云层较厚，光线散射严重，光感较差，因此画面契合环境氛围整体暗淡平实。同时，建筑高耸入云，自上而下形成退晕关系，故采用"上深下浅""上精下略"的手法刻画。

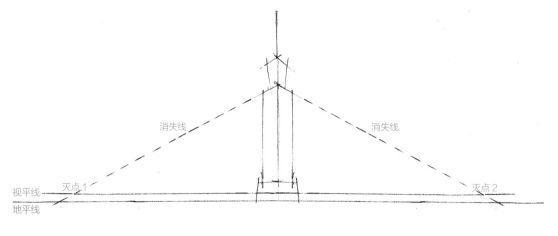

消失线　消失线

视平线　灭点1　灭点2
地平线

图 2-26

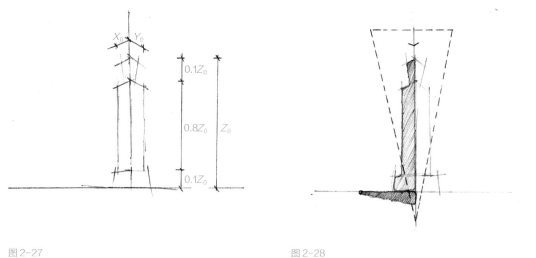

X_0　Y_0

$0.1Z_0$

$0.8Z_0$　Z_0

$0.1Z_0$

图 2-27

图 2-28

细节取舍

大面域细节取舍

画面整体分为 A、B 两大面域，分别是西立面、北立面。由于光线散射，建筑明暗对比较弱，因此同时刻画两个面域细节，降低二者对比，契合环境光感，同时根据退晕关系，细节刻画自上而下逐步省略，如图 2-29。

小构件细节取舍

以覆盖面积比例最大的玻璃材质为例，运用抽象重复的手法，将玻璃幕墙抽象为方格，通过横竖排线叠加的笔法组合方式绘制，绘制简单但表达到位，如图 2-30。

配景处理

配景在画面底部，有行道树、公园绿植、附近街区建筑等。近景的行道树、绿植与建筑深度保持一致，两侧建筑处于画面边缘，作省略表达。

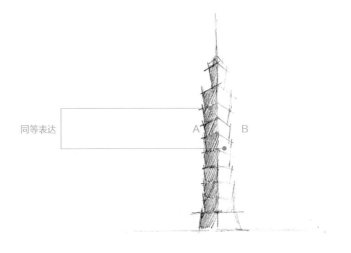

同等表达

A   B

图 2-29

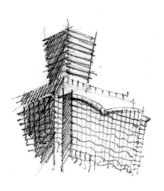

图 2-30

2.5 山西后沟张家老院

建筑简介

后沟古村位于山西晋中东赵乡，地处典型的黄土高原地区，2002 年无意中被发现，村落建在向南的山坡上，以窑洞合院民居为主体[6]。

张家老院是后沟村最高处的一处院落，也是年代最久远、保存最完整的一处院落。这是一处典型的四合院，坐北朝南的窑洞正房建在台阶上，台阶下为砖木结构的东西厢房以及倒座的南房，是后沟最典型的窑洞院落类型[7]。

绘制简介

画面尺寸：8 开速写本
绘制用时：45 分钟
完成时间：2013 年

场景选择

透视因素
张家老院是典型的四合院布局，正南北向、东西对称，选择一点透视予以表达最为合适，以窑洞正房为画面核心，东西两侧厢房则成为景框，如图 2-31。

构图因素
本幅写生旨在表达后沟窑洞型四合院民居的建筑风貌与特色，选择院内靠近倒座南房的位置作为观察点，距离窑洞正房约 15m，如图 2-32。

时间因素
写生时间为下午 3:00 左右，阳光照射到正房、西厢房及院落中，西厢房则是背光面，阴影投射到院落，如图 2-31、2-32。

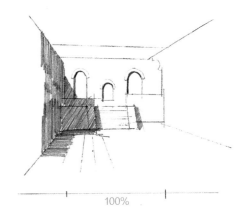

图 2-31

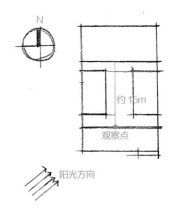

图 2-32

整体框架

透视关系

张家老院写生选择一点透视。为避免画面表达呆板，视点选择稍微偏西，避开正一点透视，如图2-33。

比例关系

在一点透视原则下，图中的建筑比例关系体现在X、Z轴两个方向。首先是台阶，基本均分为3段，比例约为3：4：3；其次是窑洞正房立面横向，大致均分为5段，中间的壁龛相对较窄；第三是窑洞正房立面纵向，分为3段，自上而下比例约为2：5：3，如图2-34。

光影关系

写生时，光线良好，光影关系明确，阴影主要是西厢房投射在院子里、台阶上的阴影，背光面主要是西厢房，如图2-35。张家老院写生为钢笔底稿＋马克笔表现，阴影和背光面主要通过马克笔予以表现。

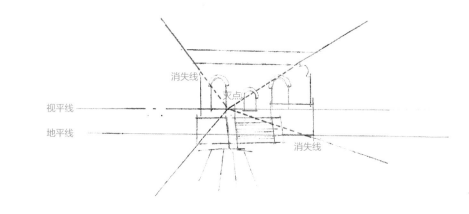

图2-33

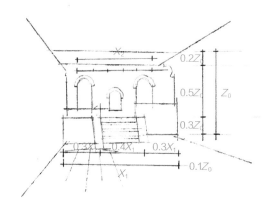

图2-34

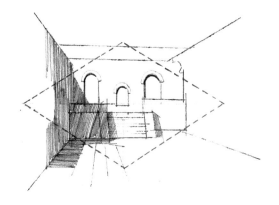

图2-35

细节取舍

大面域细节取舍

在此写生场景内，大面域大致分为三个，画面核心是窑洞正房，予以精细刻画，而东、西厢房立面则采取省略处理，只勾勒轮廓简略表达，遵循由中间向两边的省略关系，如图2-36。

小构件细节取舍

首先，对于窑洞正房的青砖墙面，不作钢笔线条的刻画，而是以马克笔暖色调予以整体刻画。其次，对于门洞中的窗户、壁龛内的构件、台阶的砖石等，以钢笔线条表达形态，如图2-36。

配景处理

画面中的配景主要是近景的日常生活物品，包括衣服架、卫星电视接收器、晾晒的杏干等，主要通过线条勾勒轮廓形态予以表达，如图2-36。

图2-36

03 作品赏析

Appreciation of Painting Works

作品简介

该部分收录建筑写生、习作共计 90 余张,分为 5 个部分,包括钢笔画、素描、马克笔画、水彩画以及数位板画等多种形式。

校园随笔

从本科生到研究生,再到博士、博士后,我先后在东北大学、西安建筑科技大学、中国文化大学(中国台湾)、华南理工大学学习生活。该部分主要是我读书路上的校园写生、母校记录。

中国古建筑、民居

中国古建筑、民居是建筑写生的挚爱类型。该部分主要是我在西安等地的古建筑写生,假期在家乡山西的古建筑、民居写生,以及前往西藏、湘西等地旅行的写生。

走出建筑史课本

这一组是我在博士研究生备考期间的建筑史学习笔记。2016 年冬,我在华南理工大学备考博士研究生,枯燥的建筑史课本让人乏味,我将课本中的建筑画下来,并将其作为复习备考的法宝。

行走台湾

这一组是我在台湾交换学习期间的写生,比较全面地反映了台湾建筑风格与城市意象,包括闽南风格的传统建筑,荷兰、西班牙殖民统治时期的西式建筑,日本殖民统治时期的日式建筑,台湾光复后的新中国风建筑以及现代主义建筑。

城市漫步与习作

这一组主要是我在出差、旅行、会议考察期间的随笔写生,以及日常练习。

3.1 校园随笔

东北大学 建筑馆
绘制简介：8 开速写本 | 30 分钟 | 2013 年

> **建筑简介**
>
> 建筑馆由原东北工学院建筑学系黄民生先生主持设计，1952 年竣工。建筑平面呈"L"形，东南折角处为建筑入口，运用中国传统建筑神韵与形式建构，体形错落，造型优美[8]。

东北大学 采矿馆

绘制简介：8 开速写本 | 30 分钟 | 2013 年

建筑简介

采矿馆是原东北工学院建筑学系侯继尧先生带领六名 1955 级学生"真题真做"的毕业设计。建筑平面呈"L"形，西南折角处为入口塔楼，采用西式体形、中式装饰的细部处理 [8]。

东北大学 机电馆

绘制简介：8 开速写本 | 40 分钟 | 2013 年

建筑简介

机电馆由原东北工学院建筑学系王耀先生主持设计，1953 年末竣工。建筑平面呈"U"形，立面采用横三段、竖五段的古典主义构图，中央设计四层通高的中式穿插枋门廊，门廊设计有六根通天柱，柱头为中国传统的云纹浮雕[8]。

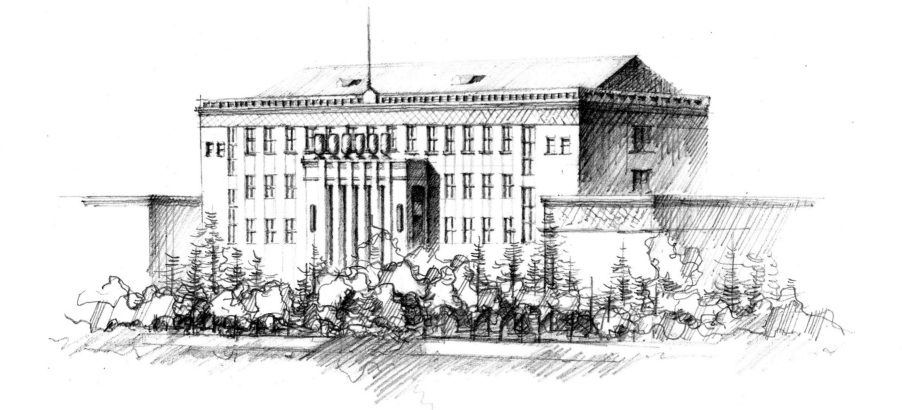

东北大学 冶金馆

绘制简介：8 开速写本 | 40 分钟 | 2013 年

建筑简介

冶金馆由原东北工学院建筑学系刘鸿典先生主持设计，1952 年末竣工。建筑平面呈"工"字形，对称布局，主入口设于正中央，采用竖向线条设计，通过大台阶由二层进入大厅，以三个石拱门的门廊过渡 [8]。

东北大学　综合楼

绘制简介：8 开速写本 | 40 分钟 | 2013 年

建筑简介

综合楼位于东北大学校园中轴线上，是跨入 21 世纪后建设的集教学、办公、会议等于一体的综合性大楼。建筑呈中庭式对称布局，设计要素简洁、色调沉稳素雅，与周边的四大馆相互映衬。

东北大学"展开图"
绘制简介：A3 复印纸 | 40 分钟 | 2015 年

建筑简介
这是一张东北大学中轴线建筑群的创意画，右下为建筑馆、左下为采矿馆、右上为机电馆、左上为冶金馆、中间上方为综合楼，它们正是前 5 张写生作品所画建筑。

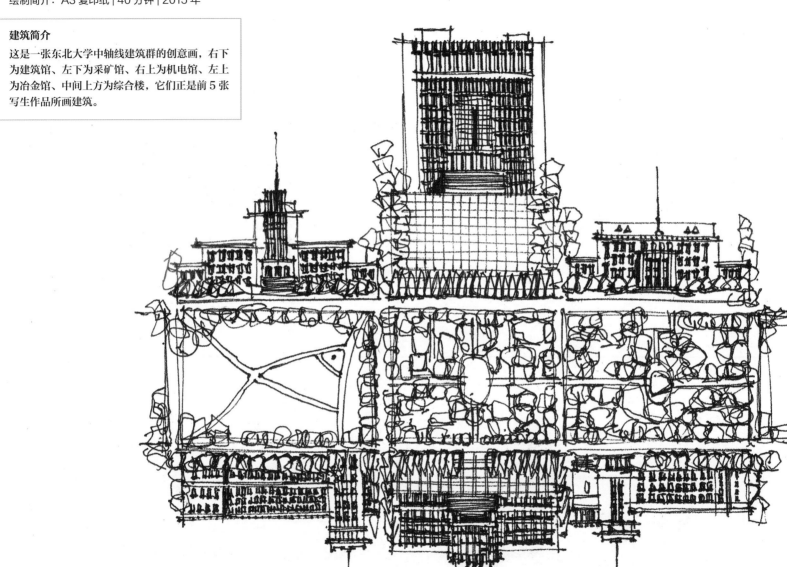

▼ **东北大学基础学院　学生一舍**
绘制简介：
8 开速写本 | 10 分钟 | 2013 年

建筑简介
这是一幢苏式建筑，红砖红瓦，入口处树立三角形山花、半圆形拱券，整体平实而入口精致。

▼ **东北大学基础学院　体育馆**
绘制简介：
8 开速写本 | 10 分钟 | 2013 年

建筑简介
体育馆建于二十世纪七八十年代，白色的马赛克瓷砖、深蓝色的玻璃映射着时代的气息。

▼ **东北大学　学生一舍**
绘制简介：
8 开速写本 | 30 分钟 | 2013 年

建筑简介
这是东北大学一幢普通的宿舍楼，采用围合式布局，入口分别布置于西北角、东南角，图绘是宿舍楼东侧面与楼下球场。

西安建筑科技大学　建筑东楼
绘制简介：8 开速写本 | 40 分钟 | 2014 年

建筑简介

建筑东楼是 1956 年学校组建时建设的第一批建筑，为三层砖混结构。1992 年，采用钢结构加建第四层大空间，同时新建门头形成入口空间，改变了进入方式，改善了入口形象，图绘为改造后的入口。21 世纪后又加建报告厅、实验室等副楼[9]。

建筑简介

主楼与建筑东楼、教学西楼同为 1956 年学校第一批建设的主要建筑，设计形象基本一致，共同围合成校园核心教学空间。随着 1973 年建设东路开通与南门设立，主楼成为学校主要形象建筑。

西安建筑科技大学　逸夫楼

绘制简介：8 开速写本 | 30 分钟 | 2014 年

建筑简介

逸夫楼坐落在学校西门轴线北侧，2003 年竣工，
是 21 世纪学校建设的重点建筑。

西安建筑科技大学　图书馆

绘制简介：8 开速写本 | 35 分钟 | 2014 年

建筑简介

图书馆采用开叉式平面布局，主立面向东，迎向南北主要人流通道及中心绿地。体块组合的凹凸变化与转折形成的光影变化，使立面呈现出实与虚、竖与横的对比。玻璃幕墙映出校园绿化，与环境融为一体 [10]。

西安建筑科技大学　贾平凹文学艺术馆

绘制简介：8 开速写本 | 15 分钟 | 2015 年

建筑简介

贾平凹文学艺术馆由原印刷厂旧楼改造而成。改
造设计在老建筑的东南侧增加了一个曲折的光
廊，廊道空间被光线切割为一组折线体，打在地
面和老墙面上，日动影移，饶有趣味，很好地激
活了沉睡的历史建筑 [11]。

中国文化大学 大孝馆
绘制简介：8 开速写本 | 35 分钟 | 2015 年

建筑简介
大孝馆位于中国文化大学校园南侧，是主要教学
楼之一，馆中还设有音乐厅、会议厅等文艺空间。
这是一幢十层高"L"形大楼，通过巧妙的结构
设计与八层高的椭圆形体育馆连为一体。

中国文化大学　大典馆

绘制简介：8 开速写本 | 40 分钟 | 2015 年

建筑简介

大典馆以明堂式建筑为基础，将四个突出的角改
为圆形的堡垒式建筑。内部由两重内墙组成，建
筑形成内、中、外三层空间。初建时仅有五层楼，
后改建为现今的八层楼建筑。

华南理工大学 老体育馆

绘制简介：8 开速写本 | 35 分钟 |
2017 年

建筑简介

老体育馆建于 1936 年，整体
构图严谨，轴线对称。立面采
用西方古典主义建筑常见的檐、
墙、勒脚竖三段分法，以及入
口、两端横三段分法，牌坊式
冲天柱与牌楼式屋顶间隔排列，
呈三楼四柱式，一层正中并列
三个圆拱形门廊，第二层为钩
阑雀替，作凉台式[12]。

华南理工大学　逸夫人文馆

绘制简介：8 开速写本 | 30 分钟 | 2017 年

建筑简介

逸夫人文馆东侧面向学校南北轴线，采用规整的平面形式，西侧面向西湖，采用较为自由的平面构成，总体以"少一些、空一些、透一些、低一些"的设计思想，创造出空灵通透、步移景异的新岭南建筑[13]。

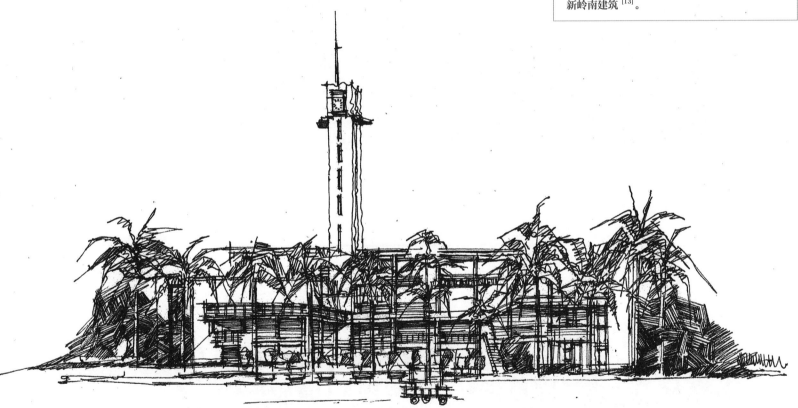

▼ **华南理工大学　大学城校区**
绘制简介：A4 速写本 | 15 分钟 | 2017 年

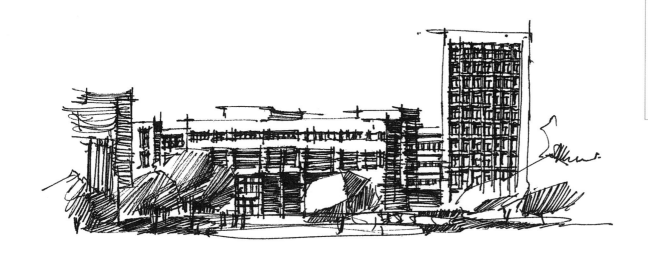

建筑简介

华南理工大学大学城校区用地狭长，呈不规则形状。校园规划结合地形、地块和周边市政道路的形状形成转折的控制轴线，转折处以弧形的图书馆、圆形的广场作为转换。图绘为轴线北侧尽端的 A4、A5 号楼 [14]。

▼ **华南理工大学　建筑设计院新楼**
绘制简介：8 开速写本 | 20 分钟 | 2017 年

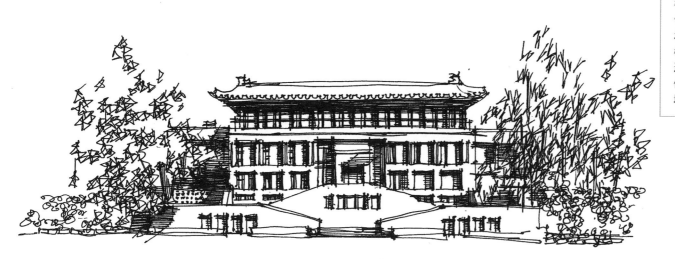

建筑简介

华南理工大学建筑设计院新楼位于五山校区东湖旁，紧邻建筑红楼。建筑滨湖、依坡而建，利用高差布局两侧楼梯，直达二楼入口大厅，进而与红楼前广场连通。整体风格与校园历史建筑的红墙绿瓦风格保持一致。

3.2 中国古建筑、民居

西安 小雁塔

绘制简介：8 开速写本 | 45 分钟 | 2015 年

建筑简介

小雁塔是唐代荐福寺的佛塔，为唐代长安城遗留至今的标志性建筑之一。小雁塔经历 1300 多年的历史，基本保持了唐代初建时的原貌，是密檐式佛塔的代表作，是古印度佛教艺术形式窣堵波造型与中国传统重楼建筑相结合的产物 [15]。

西安　永宁门

绘制简介：8 开速写本 | 30 分钟 | 2015 年

建筑简介

永宁门是西安城墙的正南门，始建于隋代，初名安上门。明代拓筑城墙，改为永宁门，门外有瓮城和月城拱卫，东西两侧设有敌台、敌楼，后在敌台与城门之间开拱门供通行[16]。图绘建筑为月城闸楼，于 1989 年重建。

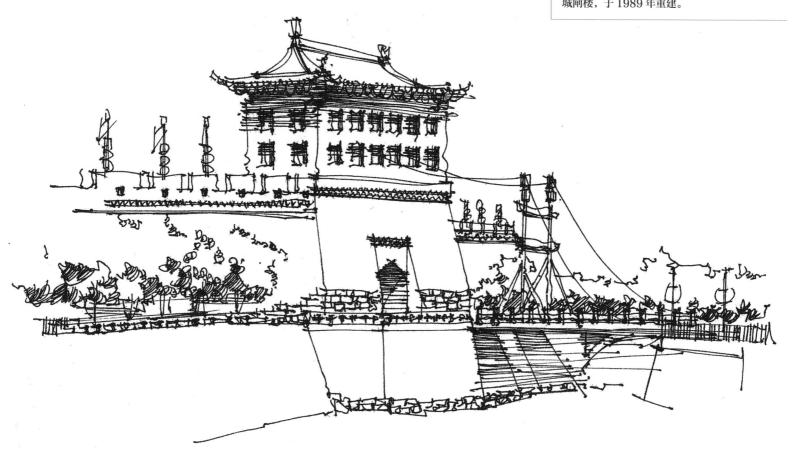

西安 钟楼

绘制简介：8 开速写本 | 45 分钟 | 2015 年

建筑简介

钟楼坐落于西安城内东西南北四条大街的交会点，在古代属于敲击报时、控制全城作息时间的公共建筑。木结构楼体是明清通柱式楼阁，立于 8m 高方形砖石墩台中央，形制为四面一式的重檐三滴水式攒尖顶[17]。

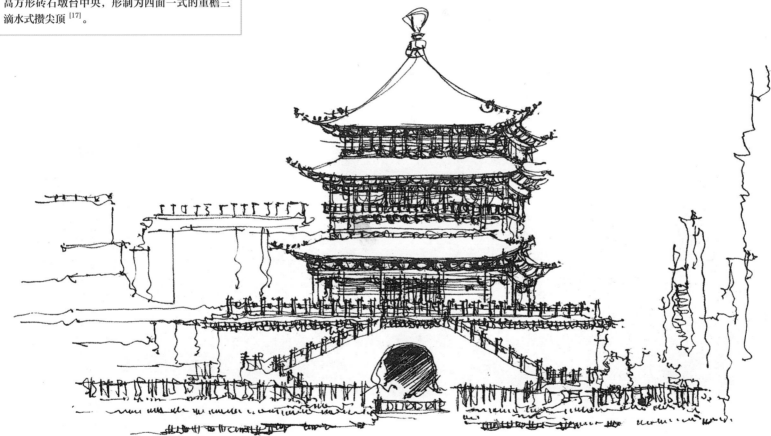

西安碑林博物馆 碑亭

绘制简介：8 开速写本 | 60 分钟 | 2015 年

建筑简介

西安碑林博物馆碑亭写生是本书重点分解范例之一。此幅图为马克笔上色版本，暖色调反映出冬日暖阳洒在建筑上的光感。

山西卦山 垂花门

绘制简介：8 开速写本 | 60
分钟 | 2014 年

建筑简介

卦山位于我的家乡山西交城
县，天宁寺坐落于此，为佛
教寺庙，始建于唐代，现存
殿宇多为明清时期建筑。图
绘为卦山天宁寺的一处垂花
门。垂花门在中国传统建筑
中独具特色，因垂莲柱而得
名，随着宋代小木作装修兴
起而逐渐成形，在居住建筑、
宗教建筑、园林建筑中都极
为常见。

山西卦山 书院山门
绘制简介：8 开速写本 | 40 分钟 | 2014 年

建筑简介
卦山书院位于天宁寺前的卧龙岗上，原是清代所建的"卦山私塾"。书院建筑群坐东向西，与天宁寺建筑群融为一体。图绘为书院山门，为两柱一门木牌楼，静静矗立在松柏之中。

山西卦山 凉亭
绘制简介：8 开速写本 | 60
分钟 | 2014 年

建筑简介
图绘为卦山东山半道的一处
凉亭，供游客小憩之用，矗
立在松柏环绕的密林中，虽
是仿古建造，但是风格古香
古色颇有韵味。

山西卦山　石佛堂影壁

绘制简介：8 开速写本 | 60
分钟 | 2014 年

建筑简介

石佛堂位于卦山建筑群最高
处，主建筑坐北朝南，山门
朝西，游人可沿山道从建筑
的西侧进入院子，图绘为入
口处的砖墙影壁。

山西卦山 药王庙
绘制简介：8开速写本 | 50
分钟 | 2014年

建筑简介
药王庙位于卦山西山半山腰，
是一座硬山顶一层建筑。图
为我于2014年暑假写生时
所绘。

山西　麻岩则村民居
绘制简介：8 开速写本 | 15
分钟 | 2014 年

建筑简介
图绘是一处普通的山西民居
建筑，当年是姥爷、姥姥承
包的供销社，是我小时候成
长玩耍的地方。随着时代的
变迁，供销社不再存在，小
院也变得破败，如今已经按
照生态移民政策拆除。

山西 花果头村民居

绘制简介：8 开速写本 | 25 分钟 | 2015 年

建筑简介

图绘是我老家的老房子，是当年爷爷和叔伯们修建的新房，还是我父母的婚房。爷爷离去，家人也都进城生活，新房变成了老房子，前些年也按照生态移民政策拆除了。

山西晋中常家庄园　观稼阁

绘制简介：8 开速写本 | 60 分钟 | 2013 年

建筑简介

山西晋中常家庄园观稼阁写生是本书重点分解范例之一。此图为马克笔上色版，以暖色调反映冬日暖阳光感，以及周边枯黄色的草木。

山西后沟古村　古戏台

绘制简介：8 开速写本 | 60 分钟 | 2016 年

建筑简介

后沟古村戏台坐东朝西，位于村庄入口处，建筑分为两部分，前面为卷棚顶亭子，相当于舞台，后面接一个硬山顶建筑，作为演员化妆、准备和中场休息的空间。戏台前的广场为人们观戏提供了舒适的半封闭场地。

凤凰古城　陈氏祠堂戏台
绘制简介：8 开速写本 | 60
分钟 | 2023 年

建筑简介
陈氏祠堂是木结构的四合
院，由大门、戏台、正殿以
及左右厢房组成。进入大门，
从戏台下方穿过，就是祠堂
的庭院，图绘为从厢房一侧
看向戏台。

湖南 芙蓉古镇

绘制简介：A4 复印纸 | 50 分钟 | 2023 年

建筑简介

芙蓉镇地处湘西，因在酉水河北，古称酉阳，是由码头而兴的商贸型古镇。古镇以从码头依山蜿蜒而上的青石板长街为骨架，两旁的土家吊脚楼依山就势林立成片，集中展现了土家族传统的历史建筑群体风貌[18]。

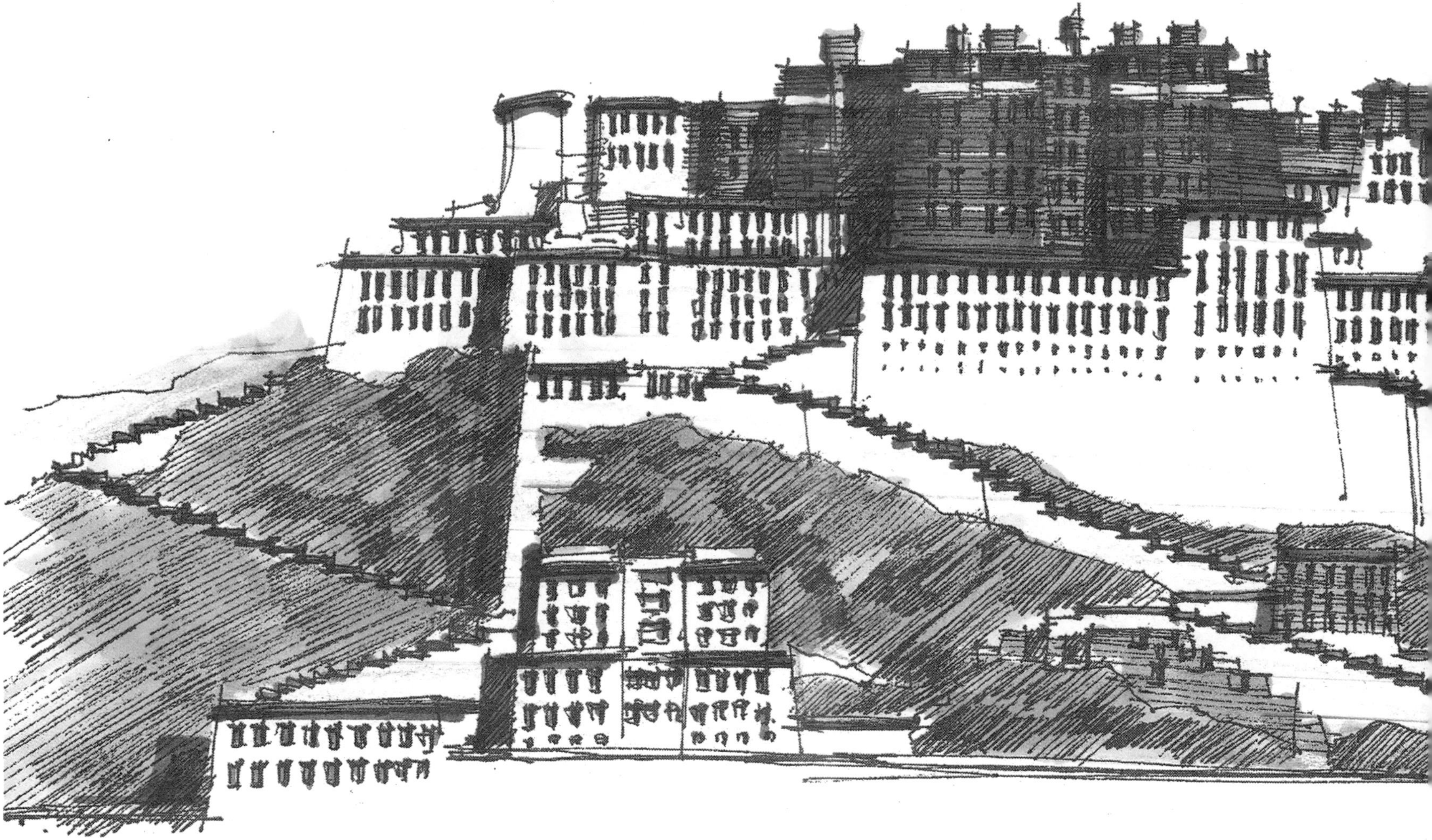

拉萨　布达拉宫

绘制简介：8 开速写本 | 50 分钟 | 2016 年

建筑简介

布达拉宫坐落在拉萨市中心的红山上，是一座集宫堡和寺院于一体的建筑群。建筑缘山而起，依势修建，直达山顶。主体建筑分为白宫和红宫两部分，红宫位于整个建筑的中心和顶点，白宫合抱着红宫[19][20]。

拉萨　小昭寺门楼

绘制简介：8 开速写本 | 50
分钟 | 2016 年

建筑简介

小昭寺位于拉萨市城关区小
昭寺路，由藏式民居建筑包
裹，坐西朝东，前部是一个
围合的庭院，后部是神殿以
及门楼、转经回廊等附属建
筑。图绘为小昭寺门楼，高
三层，底层为明廊，二、三
层为僧房和经室[21]。

3.3 走出建筑史课本

巴黎圣母院

绘制简介：A4 复印纸 | 45 分钟 | 2016 年

建筑简介

巴黎圣母院是 12—15 世纪法国哥特式教堂成熟
期的代表性建筑，平面呈拉丁十字式。图绘西立
面是主立面及正门，是经典的左右、上下三段划分。
正中的玫瑰窗、两侧的尖券窗、垂直的线条和小
尖塔装饰显示出典型的哥特式风格。

沙特尔主教堂
绘制简介：A4 复印纸 | 50 分钟 | 2017 年

建筑简介

沙特尔主教堂是 12—15 世纪法国哥特式教堂成熟期的代表性建筑，平面也是典型的拉丁十字式。图绘为西立面，两座尖塔建于不同的年代，因此有显著的差异，南塔是罗马式风格，较为朴素，北塔则是典型的哥特式风格。

巴齐礼拜堂 ▶

绘制简介：A4 复印纸 | 20 分钟 | 2017 年

建筑简介

伯鲁乃列斯基设计的佛罗伦萨巴齐礼拜堂是文艺复兴早期的代表性建筑，风格轻快雅洁。图绘为正立面，柱廊 5 开间，中央发一个大券，把柱廊分为两半，柱廊上用很薄的壁柱和檐部线脚划成方格，消除了沉重的砌筑感。

◀ 坦比哀多礼拜堂

绘制简介：A4 复印纸 | 20 分钟 | 2017 年

建筑简介

坦比哀多礼拜堂是文艺复兴兴盛时期的代表性建筑，集中式的圆形形体、饱满的穹顶、圆柱形的神堂和鼓座，外加一圈多立克式柱廊，使它的立体感很强，虚实映衬，形象丰富。

圆厅别墅 ▶

绘制简介：A4 速写本 | 20 分钟 | 2017 年

建筑简介

圆厅别墅是帕拉迪奥设计的著名庄园府邸，也是
文艺复兴晚期的典型建筑之一。平面呈方形，四
个立面采用同样的形式，外形由简单的几何体组
成，方正的主体与鼓座，圆锥形的顶子、三角形
的山花等多种几何体互相对比，变化丰富。

◀ **罗马耶稣会祖堂**

绘制简介：A4 速写本 | 20 分钟 | 2017 年

建筑简介

罗马耶稣会祖堂是意大利早期巴洛克风格建筑的
代表，强调不规则、强调新异、强调装饰。立面
突出垂直划分，使用叠柱式，上层两侧做两对大
涡卷，正门上面分层檐部和山花做成重叠的弧形
和三角形，这些处理手法后来被广泛仿效。

格林尼治女王宫 ▶

绘制简介：A4 复印纸 | 20 分钟 | 2017 年

建筑简介

格林尼治女王宫是典型的帕拉迪奥风格官邸，平面呈方形，内部功能从属于外部形体，没有了中世纪建筑装饰的痕迹，立面构图比例和谐，要素单纯精练。

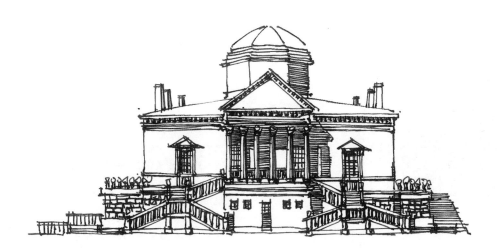

◀ **伦敦奇斯维克府邸**

绘制简介：A4 复印纸 | 20 分钟 | 2017 年

建筑简介

奇斯维克府邸是帕拉迪奥风格的典型代表，门廊以及穹顶都像极了圆厅别墅。"之"字形阶梯通向门廊，门廊用六根爱奥尼柱子支撑着山花，穹顶为八边形，建筑比例和谐，很符合帕拉迪奥风格的构图与审美。

倭马亚大清真寺 ▶
绘制简介：A4 速写本 | 20 分钟 | 2017 年

建筑简介

倭马亚大清真寺位于大马士革，又称大马士革大清真寺。主建筑为长方形平面布局，中央拱门将主立面分为三段，主立面前是一个大型的露天庭院，在主建筑的两脚及轴线正对处建有三座尖塔。

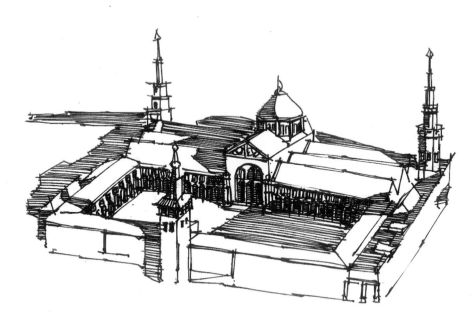

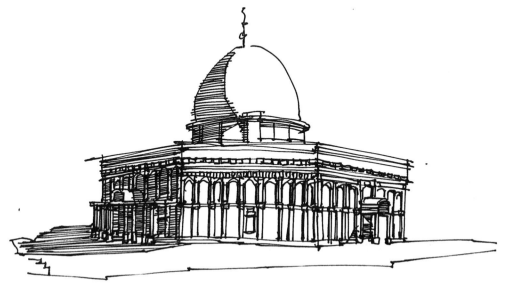

◀ **圆顶清真寺**
绘制简介：A4 速写本 | 20 分钟 | 2017 年

建筑简介

圆顶清真寺坐落在耶路撒冷，平面为八边形，中央是大穹顶，穹顶下有鼓座，外观稳重大方，形式简洁，穹顶外表贴金，熠熠生辉，故又名金顶清真寺。

圣索菲亚大教堂 ▶
绘制简介：A4 速写本 | 20 分钟 | 2017 年

建筑简介
圣索菲亚大教堂为集中式布局，以中央穹顶为中心，东西以半个穹顶扣在大券上抵住侧推力，南北以深墙抵住侧推力。1453 年，穆罕默德二世攻占君士坦丁堡后，把它改为清真寺，在四角建造了高高的伊斯兰教授时塔。

◀ **比比哈内清真寺**
绘制简介：A4 速写本 | 20 分钟 | 2017 年

建筑简介
比比哈内清真寺是撒马尔罕最重要的古迹，原是一个围合的长方形庭院建筑，宏伟壮观，后逐渐破败倒塌。现存建筑是在 20 世纪后期陆续重建而成，主要包括入口凹龛伊旺以及部分穹顶等。

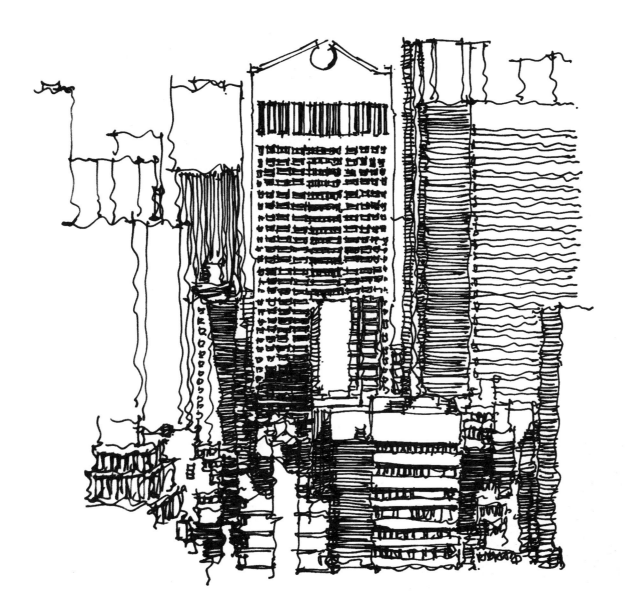

美国电话电报大楼

绘制简介：A4 复印纸 | 40 分钟 | 2017 年

建筑简介

美国电话电报大楼是典型的后现代主义建筑，最显著的特征是热衷于运用历史建筑元素，尤其是古典建筑元素。美国电话电报大楼外墙大面积覆盖花岗岩，底部立面按照古典方式分为三段，顶部是一个开有圆形缺口的巴洛克式大山花，底部中央的拱门对称构图正是巴齐礼拜堂的形式。

海尔艺术博物馆 ▶

绘制简介：A4 速写本 | 20 分钟 | 2017 年

建筑简介

海尔艺术博物馆也是新现代主义建筑，是迈耶风格成熟的代表作建筑，以白色的形体组合成丰富的内外空间，形成变幻莫测的光影，将迈耶对光和白色的偏爱表现得淋漓尽致，入口以坡道衔接钢琴形曲线形体，形成强烈的视觉引导。

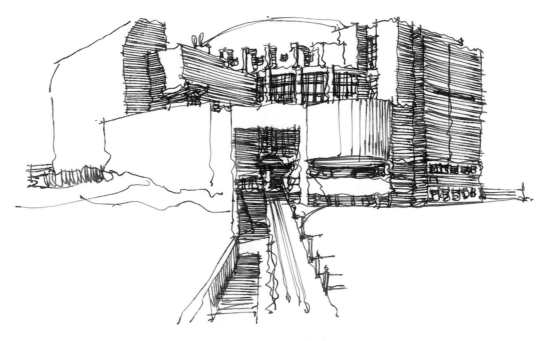

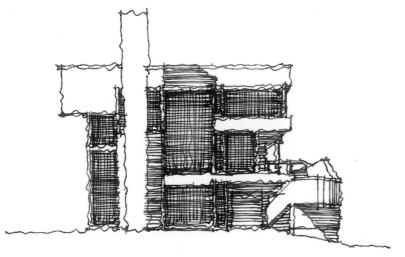

◀ **史密斯住宅**

绘制简介：A4 速写本 | 20 分钟 | 2017 年

建筑简介

史密斯住宅是一座独立住宅，是新现代主义建筑，也是迈耶的代表作品。建筑通体洁白，由明确的几何形体构成，建筑以功能划分实体和开场两部分。图绘为主立面，是家庭公共空间，贯穿三层，面向沙滩和大海，通过巨大的玻璃窗最大化纳入景色与自然光。

欧洲人权法庭 ▶

绘制简介：A4 速写本 | 20 分钟 | 2017 年

建筑简介

欧洲人权法庭也是罗杰斯的代表作品，建筑依地
形设计，头部为三个圆柱形体量，是法庭部分，
尾部顺应河流布局为弧形，是两座四层办公楼。
它不锈钢的表皮以及外露的构件体现了高技派建
筑的风格与特点。

◀ 劳伊德大厦

绘制简介：A4 速写本 | 30 分钟 | 2017 年

建筑简介

劳伊德大厦是高技派罗杰斯的代表作品，建筑的
办公空间围绕中庭布局，利用地块不规则角隅布
局结构柱、电梯、楼梯等垂直体量，各种管道及
设备等外露，展现技术的美。

汇丰银行大厦

绘制简介：A4 速写本 | 30 分钟 | 2017 年

建筑简介

汇丰银行大厦是高技派福斯特的代表作品。整个建筑悬挂在几榀桁架上，上下分成五段，每段由两层高的桁架连接，每段的楼层数由底部的八层到顶部的四层依次递减，桁架的结构主体及悬挂完全显露在立面上，形成丰富的建筑外轮廓。

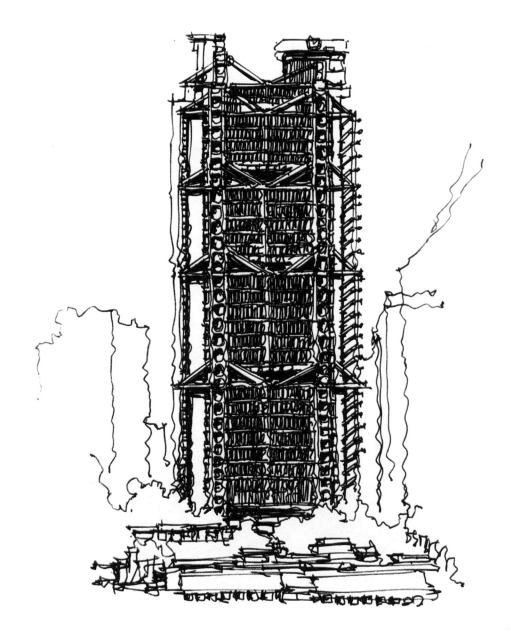

法兰克福商业银行

绘制简介：A4 速写本 | 30 分钟 | 2017 年

建筑简介

法兰克福商业银行亦是福斯特的作品，坐落在莱茵河畔，因为整体采用了螺旋上升的室外花园平台和机械辅助式自然通风塔，被誉为世界上第一座生态型高层塔楼。

赫斯特大厦

绘制简介：A4 速写本 | 40 分钟 | 2019 年

建筑简介

赫斯特大厦也是福斯特的代表作品，最大的特点
是保留了原有六层建筑的混凝土石材外立面，将
内部结构拆除后从中建起玻璃大厦，三角形拼接
的造型创造了独特的立体感。

3.4 行走台湾

台北 圆山大饭店
绘制简介：8 开速写本 | 60
分钟 | 2015 年

建筑简介

圆山大饭店是台湾当代宫殿式建筑的代表。建筑外观富丽堂皇，金色琉璃瓦的重檐庑殿顶气势恢宏。立面柱网分割的一个个阳台即建筑内部一间间客房，呈现出"古典为体，现代为用"的设计理念。

台北 西门红楼

绘制简介：8 开速写本 | 60
分钟 | 2015 年

建筑简介

西门红楼原是西门市场的入口，平面为八角形，后接十字平面的市场主体。建筑形式为两层红砖洋楼，每个立面为三开间，左右对称，女儿墙中央装饰突出的三角形山花，墙面以白色石材作横向及局部装饰。

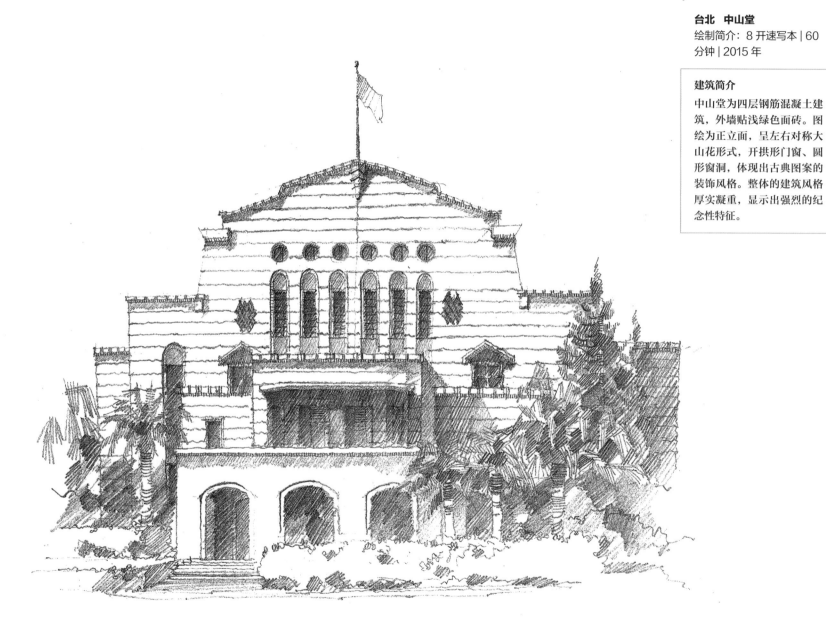

台北　中山堂
绘制简介：8 开速写本 | 60
分钟 | 2015 年

建筑简介

中山堂为四层钢筋混凝土建
筑，外墙贴浅绿色面砖。图
绘为正立面，呈左右对称大
山花形式，开拱形门窗、圆
形窗洞，体现出古典图案的
装饰风格。整体的建筑风格
厚实凝重，显示出强烈的纪
念性特征。

台北　中山纪念堂

绘制简介：8 开速写本 | 30 分钟 | 2015 年

建筑简介

中山纪念堂极具中国特色，融合中国传统建筑之形与现代建筑之结构，但又非完全仿古，灰色大柱顶起翘角的黄色大屋顶，外观巍峨庄严、宏伟有力、简洁明爽。

台湾大学校门
绘制简介：8 开速写本 | 45 分钟 | 2015 年

建筑简介
台湾大学校门的原功能为学校守卫室，布局左右
对称，形态浑厚敦实，现被划定为历史建筑而受
到保护，建筑材料为台湾产的褐色面砖以及唭哩
岸石，颇具本土特色。

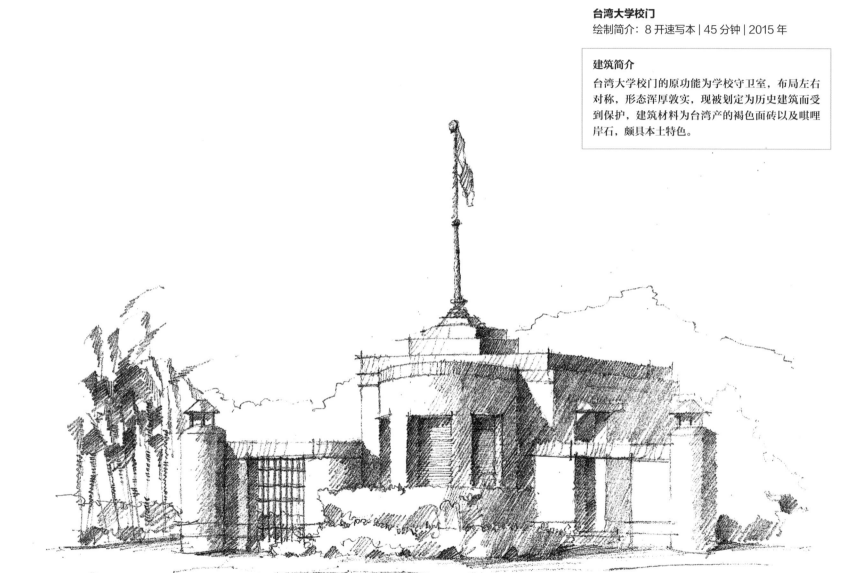

真理大学 牛津学堂
绘制简介：8 开速写本 | 30 分钟 | 2015 年

建筑简介
牛津学堂带有浓厚的中西合璧风格，建筑形式完全对称，屋顶为传统硬山顶，开三角气窗，屋脊上设有小尖塔，冠有西式教堂的小帽尖，却是中式尖塔的造型，山墙上开拱形门窗，建筑材料以淡水石材及厦门红砖为主。

淡水　礼拜堂
绘制简介：8 开速写本 | 20
分钟 | 2015 年

建筑简介

淡水礼拜堂是一座哥特式风格的红砖建筑，左边是尖尖的钟塔，四角的扶壁逐渐收分，柱顶以小尖塔装饰。礼拜堂原来被包围在街廓的中央，2009 年政府拆除入口前两栋民宅并建新广场，营造了更好的城市空间。图绘即从广场望向礼拜堂。

新北　三峡祖师庙

绘制简介：8 开速写本 | 45 分钟 | 2015 年

建筑简介

三峡祖师庙位于三峡老街旁、三峡河水岸边，是
典型的闽南风格庙宇建筑，三进九开间布局，前
殿为五门三殿，重檐歇山顶曲线柔美，屋脊高高
起翘，雕饰各种繁美的装饰。

台北 府城北门
绘制简介：8 开速写本 | 45 分钟 | 2015 年

建筑简介
北门是台北府城五座城门中唯一保有原貌的城门建筑，红墙灰瓦、优柔的屋脊线条是典型的闽南建筑风格。随着城市不断开发，旧的城门却被包围在城市高架桥和电线中间，成为一座孤独的历史建筑。

桃园 明伦三圣宫 ▶
绘制简介：8开速写本 | 20分钟 | 2015年

建筑简介
明伦三圣宫是一座仿古宫庙，建于1979年，位于桃园虎头山头，下临虎头秀美公园，俯瞰三峡苍翠群峰，远眺大溪碧水蓝天。重檐黄色琉璃歇山顶显现出中国古代官式建筑意味，而雕梁刻柱的建筑腰身又显现出鲜明的闽南风格。

◀ 基隆卯澳渔村 卯澳小站
绘制简介：8开速写本 | 10分钟 | 2015年

建筑简介
卯澳渔村位于台湾岛东北角海边，是一个古老的小渔村，用就地取材的砂岩建筑的石头古厝尤具特色。卯澳小站是在原来的石头古厝上，修复加建一层而成。

桃园火车站
绘制简介：8 开速写本 | 40 分钟 | 2015 年

建筑简介
桃园火车站随台北到新竹铁路线的修建而最早于清末设站，后来经历多次的更新和重建。图绘为 1962 年建设的车站，已于 2020 年配合车站立体化改造拆除，目前又建了全新的车站。

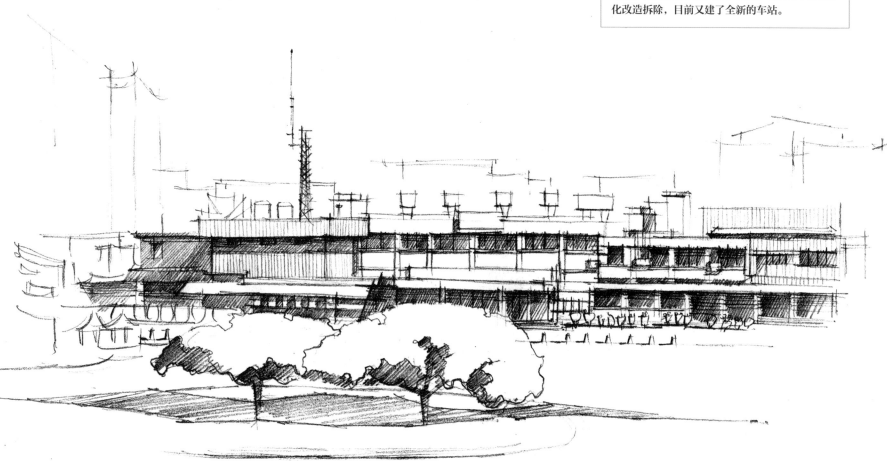

宜兰县政府 ▶
绘制简介：8 开速写本 | 15
分钟 | 2015 年

建筑简介
宜兰县政府建筑融合了闽南
建筑风格和公园化的景观设
计，不仅成为县政府办公之
地，也是民众休憩的好去处。

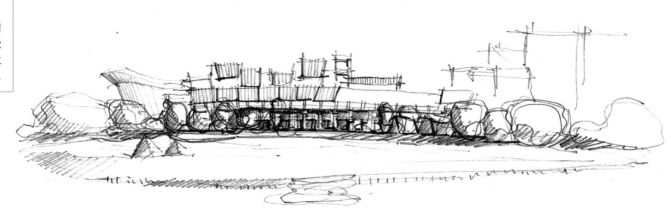

高雄历史博物馆 ▶
绘制简介：8 开速写本 | 15
分钟 | 2015 年

建筑简介
高雄历史博物馆前身是高雄
市政府所在地，典型的帝冠
式样建筑，即在现代折衷式
屋身上加上大屋顶。整栋建
筑物左右对称，中央是主卫
塔，两端再收以两座次高的
卫塔，表现建筑物作为官署
建筑之威仪。

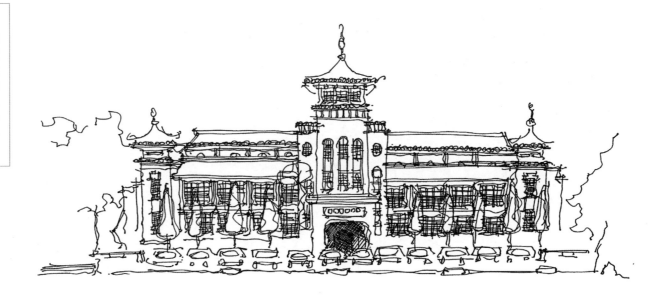

高雄　新光码头片区
绘制简介：8 开速写本 | 50 分钟 | 2017 年

建筑简介
新光码头片区面向高雄港，是从 21 世纪初相继提出高雄多功能经贸园区、亚洲新湾区等开发计划以来，结合水岸营造，推动更新改造，建设而成的新城市中心区。左图为高雄市标志建筑——85 大楼，右上图为高雄图书馆，右下图为高雄展览馆，均为新光码头片区的代表性建筑。

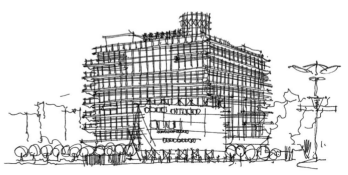

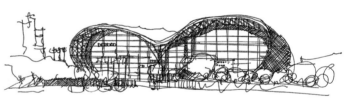

3.5 城市漫步及习作

广州市政府合署、人民广场

绘制简介：8 开速写本 | 40 分钟 | 2018 年

建筑简介

广州市政府合署、人民广场位于越秀山—镇海楼—海珠广场—海珠桥的广州传统城市轴线上 [22]。人民公园为民国时期的中央公园，1918 年建成，采用罗马式对称布局。广州市政府合署由林克明先生设计，采用中国宫殿式风格，表现了"参以现代需要，创成新中国式之建筑"的设计理念 [23]。

广州　中山纪念堂
绘制简介：A4 复印纸（数位板上色）|
40 分钟 | 2017 年

建筑简介
中山纪念堂由吕彦直先生设计，通过现代建筑技术，结合西方古典的希腊十字、帕拉迪奥主义等构图原则和中国传统宫殿建筑语汇进行塑造。中山纪念堂的建设助推了广州传统城市中轴线的近代建构，具有鲜明的城市空间意义 [24]。

广州 镇海楼

绘制简介：8 开速写本 | 40 分钟 | 2018 年

建筑简介

镇海楼位于越秀山小蟠龙冈上，曾名望海楼。因楼高五层，俗称五层楼。历史上曾五毁五建，现建筑为钢筋混凝土结构，1928 年重修时由木结构改建而成，歇山顶，复檐五层。镇海楼现为广州博物馆展区。

广州沙面 露德圣母堂

绘制简介：8 开速写本 | 40 分钟 | 2021 年

建筑简介

露德圣母堂是清末沙面法租界教堂，建筑平面为"一"字形，南端建钟塔一座，扶壁柱层层收分，级级向上，柱顶装饰小尖塔，塔底开透视门，为教堂入口门厅，门洞顶部为尖券，开玫瑰窗，这些都体现了鲜明的哥特式风格 [25]。

广州　暨南大学华文学院行政楼南眺

绘制简介：8 开速写本（数位板上色）| 60 分钟 | 2017 年

建筑简介

暨南大学华文学院位于广州东站东北侧、燕岭旁。站在行政楼向南眺望，跨过广园快速、广九铁路，广州新城市中轴线（燕岭—广州东站—中信广场—天河体育中心—珠江新城—广州塔）的标志性建筑中信广场大楼矗立在视野中。

武汉　武昌起义军政府旧址

绘制简介：A4 开速写本 | 40 分钟 | 2021 年

建筑简介

建筑最初为 1909 年建造的湖北省咨议局机关大楼，参照西方及日本的议院建筑风格，立面采用横三段、竖五段的古典主义构图，中央突出门廊是主入口，其后穹顶高高升起，统帅着整体，武昌起义后成为军政府的办公议政场所[26]。

武汉 黄鹤楼

绘制简介：A4 复印纸 | 40 分钟 | 2017 年

建筑简介

黄鹤楼始建于三国时期，屡毁屡建，图绘黄鹤楼
是 20 世纪 80 年代重建的仿古建筑。重建采用现
代化的钢筋混凝土结构，以清代黄鹤楼为原型，
平面为"制方，而补四隅为圆"，外形呈现"下
隆上锐，其状如笋"的特点，但改三层为五层。
不过由于修建武汉长江大桥占用了清代旧址，重
建地址较旧址后移甚多 [27]。

承德 普陀宗乘之庙（小布达拉宫）

绘制简介：A4 复印纸 | 40 分钟 | 2017 年

建筑简介

普陀宗乘之庙坐落在承德狮子山北坡，建筑群分为三个部分，入口部分包括山门、碑亭、五塔门及琉璃牌坊，之上为藏式平顶碉房形白台群，最上为梯形状大红台，是清乾隆年间仿照布达拉宫建造而成，所以又称"小布达拉宫"[28] [29]。

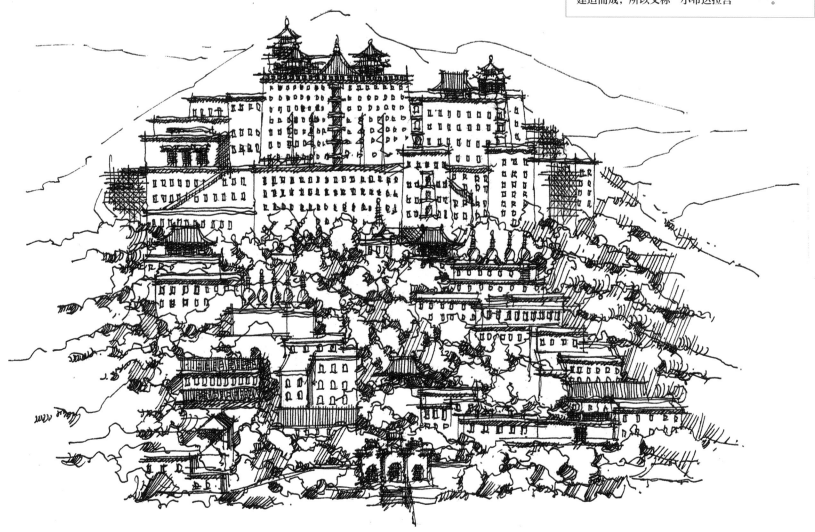

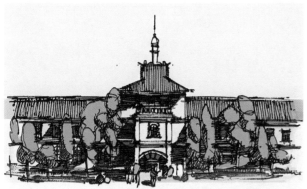

昆明 云南陆军讲武堂

绘制简介：A4 复印纸（数位板上色）| 40 分钟 |
2017 年

建筑简介

云南陆军讲武堂位于昆明市中心承华圃，临近翠
湖。主体建筑为大型合院，墙体为土黄色，屋顶
覆盖青瓦，主入口向东，面朝翠湖，向外为巴洛
克风格片墙，向内为中式歇山顶，以垂直构图在
横向形式中塑造起主入口形象 [30]。

海口 骑楼老街 ▼
绘制简介：A4 速写本 | 15 分钟 | 2017 年

赣州 白鹭古村民居 ▼
绘制简介：A4 速写本 | 10 分钟 | 2017 年

建筑简介

海口骑楼老街是典型的南洋风骑楼老街区。南洋风指东南亚和华南沿海地区具有欧亚文化交融特征的城乡风貌，骑楼顶的女儿墙是南洋风最引人注目的特征之一，一是绿釉宝瓶栏杆，另一是巴洛克式山墙，图绘建筑即是后者 [31]。

建筑简介

白鹭古村坐落在赣县东北，依山傍水，沿着鹭溪呈月牙形分布，村内保留着大量完整的明清古建筑。白鹭村先民外出经商，回乡后修建民居，吸收了徽派建筑的很多风格与特点 [32]。

◀ **赣州　八镜台**
绘制简介：8 开速写本 | 20 分钟 | 2017 年

建筑简介
八镜台位于章江和贡江合流处，是赣州古城的象征，屡毁屡建。图绘是 1987 年重建的钢筋混凝土仿古建筑。

西安　户县村庄 ▼
绘制简介：A4 复印纸 | 15 分钟 | 2016 年

建筑简介
图绘是西安户县的一个村庄，坐落在秦岭脚下的平原上，四周环绕着翠绿的农田。

山西交城　德克士前台

绘制简介：A4 速写本 | 30 分钟 | 2016 年

建筑简介

这是我家乡县城的第一家连锁餐饮店。城市司空见惯的快餐店，直到 2016 年才出现在北方这座小县城，开放的吧台设计、西式的炸鸡汉堡，给这座小县城带来新潮的风尚。

武汉 华中农业大学第四教学楼

绘制简介：A4 复印纸 | 40 分钟 | 2014 年

建筑简介

第四教学楼位于华中农业大学中心位置，于 2013
年建成，四周校园道路环通。整体由四栋单体建
筑组成，中间以连廊环通。

某公共建筑

绘制简介：A4 水彩纸 | 40 分钟 | 2018 年

图绘简介

图绘是一张由照片改画的水彩习作，可惜忘记了是哪里的一处建筑。

武汉 长江大桥
绘制简介：A4 水彩本 | 30 分钟 | 2020 年

图绘简介
图中近处为武汉长江大桥，远处为龟山上的武汉电视塔，这是从武昌江滩望向对岸的场景。图绘为照片改画，绘于 2020 年新冠疫情居家期间。

佳园小区警卫室

绘制简介：A3 水彩纸 | 7 天 | 2009 年

图绘简介

图绘是我本科一年级时的建筑水彩渲染作业，指
导老师为霍克、李洋。

某别墅建筑

绘制简介：A1 水彩纸 | 7 天 | 2010 年

图绘简介

图绘是我本科二年级时的建筑水彩渲染作业，指导老师为张东旭、李洋。

04 徒手表达之于城市设计

Sketch and Urban Design

4.1 日常积累

从城市诞生开始，人类对城市的主动规划和设计就一直存在。而现代意义上的城市设计普遍可追溯至20世纪60年代美国哈佛大学正式开设的城市设计课程，自此城市设计经历了一个漫长的学理内核稳定、知识边界渐进的过程[33]。

从范式演变来看，城市设计经历前工业时代的传统城市设计、工业时代的现代主义城市设计、20世纪60年代以来兴起的绿色城市设计和新千年数字化城市设计，今天的城市已经呈现为4种范式相互交叠[34]。

从城市治理来看，城市设计是一个易于被政府、市场与社会理解从而帮助利益相关者达成空间使用共识的工具和平台。城市设计可理解为一个沙盘模拟过程，即在给定的空间中系统地思考土地开发可能的功能构成、空间结构及其经济社会后果[35]。

从现实类型来看，城市设计包括战略引领型的概念性城市设计、面向实施的修建性城市设计、控规指引的导则型城市设计，以及新城新区设计、旧城更新设计、历史街区保护与整治设计等。

尽管城市设计涉及多元内涵、多种类型、多重尺度，但是空间形态设计始终是其核心内容。布局合理、符合规范、富有美学是基本要求，这些都有赖于日常积累，誊绘、抄绘是累积设计手法、培养空间美感的有效途径；而设计的升华是创意，但创意的产生依赖于积累基础上的再创造。

徒手表达之于城市设计，首先是一个日常积累的有效工具，图4-01至4-11是一些誊绘与快速设计。

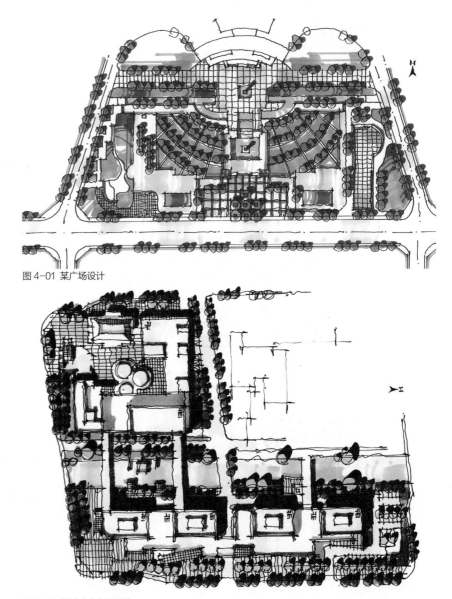

图 4-01 某广场设计

图 4-02 某滨水商务区设计

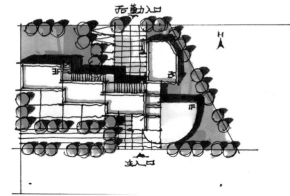

图 4-03 某幼儿园设计

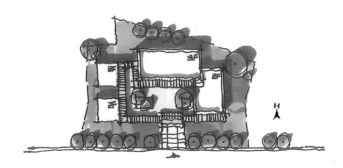

图 4-04 某会所设计

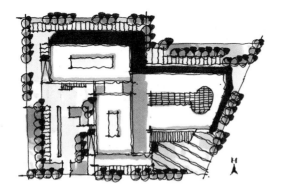

图 4-05 某商业综合体设计

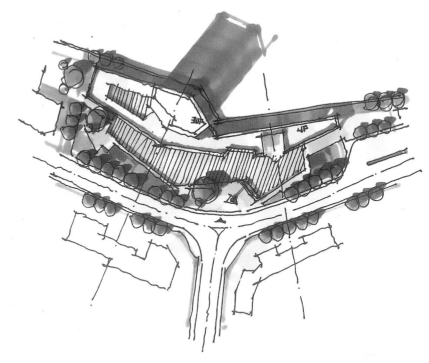

图 4-06 某商业商务综合体设计

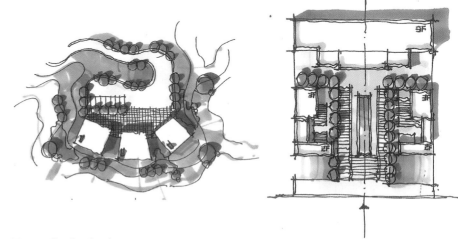

图 4-07 某民宿酒店设计

图 4-08 某办公楼设计

图 4-09 某北方沿海旅游城市西部新区设计

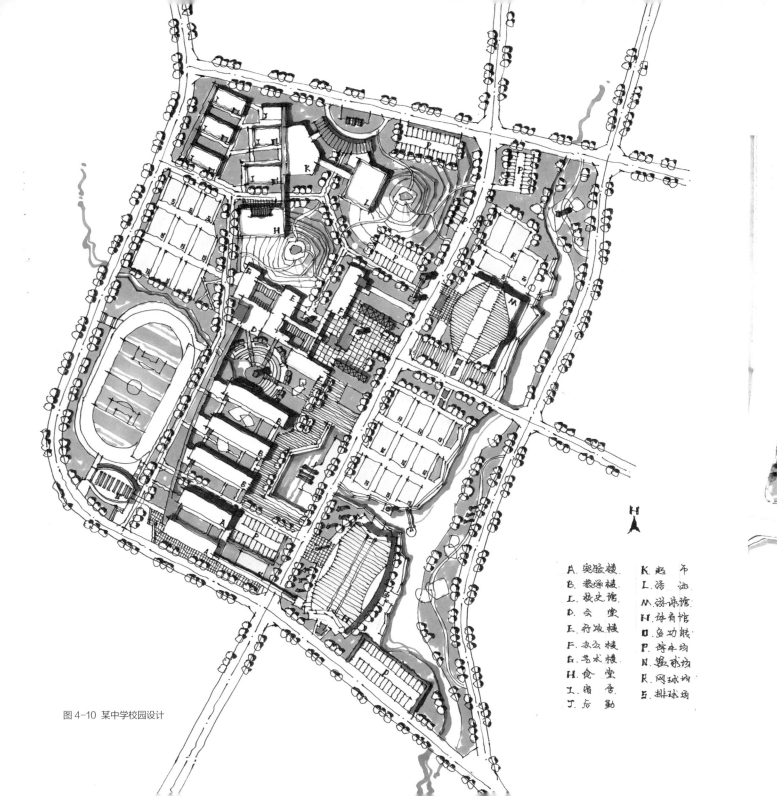

图 4-10 某中学校园设计

A. 实验楼
B. 教学楼
C. 校史馆
D. 会堂楼
E. 行政楼
F. 办公楼
G. 美术堂舍
H. 食堂
I. 后勤
J. 后勤

K. 起活
L. 活动馆
M. 游泳馆
N. 多功能
O. 停车场
P. 篮球场
R. 网球场
S. 排球场

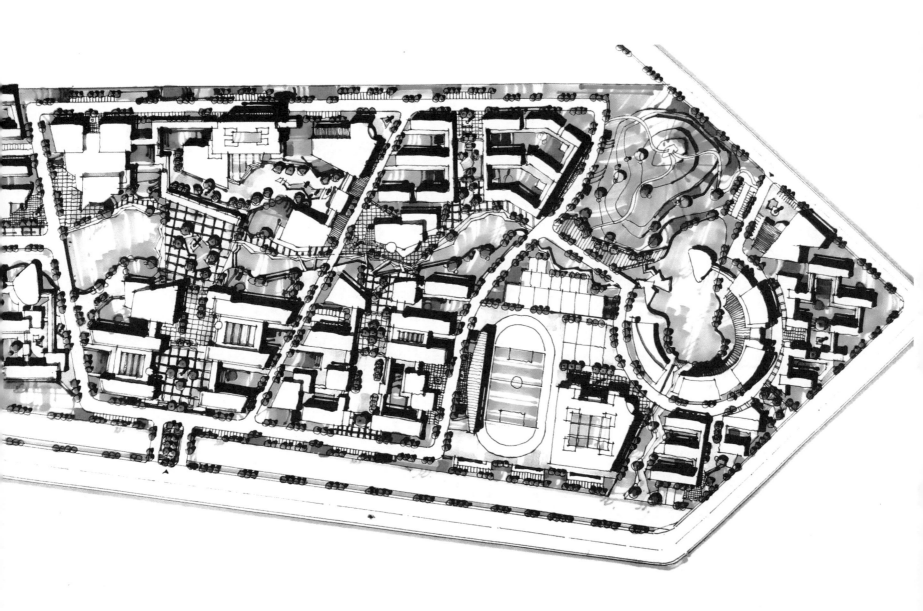

图 4-11 某大学校园设计

4.2 过程草图

概述

徒手表达之于城市设计的另一效用在于过程草图。徒手草图有助于快速、灵活地进行设计分析、方案推敲，辅以计算机制图以及数位板、Procreate 等新型的绘图工具，能让设计过程更加高效。

分析草图

城市研究是城市设计的前提，其中空间分析是重要一环，徒手草图可以快速建立分析。如图 4-12 至 4-16 展示了在江西信丰高铁新城城市设计中，基于信丰城市结构演化高铁新城片区发展情景的分析草图。

方案草图

在设计方案推敲、多方案比选以及方案深化修改中，徒手草图可以将设计思想快速输出为图纸。如图 4-17 至 4-20 展示了在某新区城市设计中，从方案思路到核心区深化，再到鸟瞰表达的草图。

草图示例

分析草图示例——以江西信丰高铁新城概念规划暨城市设计为例 [2]
绘制简介：拷贝纸 | 60 分钟 | 2022 年 | 钢笔底稿 + 马克笔上色 + PS 标注

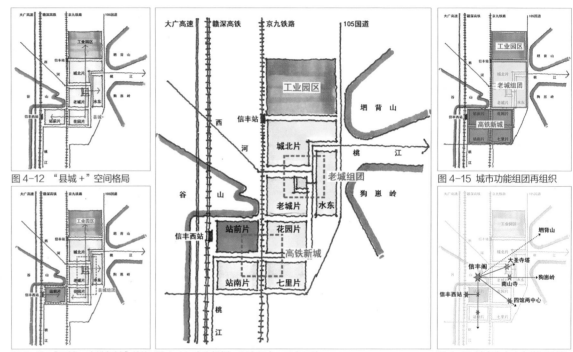

图 4-12 "县城 +"空间格局

图 4-13 "县城 + 高铁新城"结构　图 4-14 本次规划：三山两水、三心三片

图 4-15 城市功能组团再组织

图 4-16 城市山水人文格局再造

图绘简介

改革开放后，信丰县城沿桃江扩张，以老城为中心，向东跨桃江形成水东片，向北形成城北片及工业园区，向南形成花园片，东以 G105 国道线为界、西以京广铁路为界、南以桃江为界，形成"北工南居"格局。

随着信丰高铁站建设，形成站前片，信丰应如何在城市结构中寻求定位呢？《信丰南部生态新城概念规划》（2013 年）和《信丰县城市总体规划（2015—2030）》延续"县城 +"的空间格局，以居住为主；《信丰县高铁新区控制性详细规划暨城市设计》（2020 年）选择"县城 + 高铁新城"的结构，以商务、商贸为主。

本次规划提出，信丰应利用好"高铁融湾"的机会，依托高铁站前片整合花园、站南、七里片区，形成与老城组团及工业组团并重的高铁新城组团，以信丰为中心，以城市山水人文格局为特色，再造城市新格局。

方案草图示例——以某新区城市设计为例

图 4-17 城市设计方案草图（袁奇峰教授手稿）

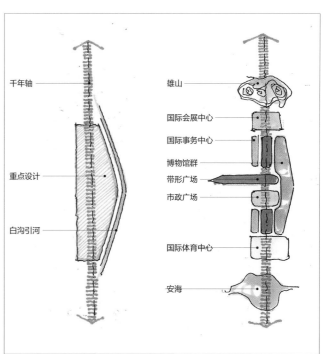

图 4-18 核心区功能结构草图

图绘简介

新区选址在保定市区东侧、白洋淀北部。改革开放以来，该地区一直未被开发，其敏感的"华北之肾"湿地生态格局也不支持制造业的大规模发展。显然，新区主要的发展动力应该来自于首都非核心功能的疏解。新区应该是"首都的新城"，其功能首先应该是承接来自北京的"首都非核心功能"外溢，其次还要承担中国引领全球化时代出现的"新首都功能"增量。所以，其空间格局应该满足首都非核心功能需要、体现国家引领全球化时代的意志、彰显国家既有的文化和价值观；其空间形态应该可以通过构筑国家纪念体系来塑造城市特色[36]。

总体上，城市设计形成"一轴、两带、三县城、五个城（功能区）"的规划结构。一轴是指千年轴，承潭柘寺灵气，启白洋淀秀色；两带是指沿千年轴西侧设置国际事务与商务带、沿白沟河设全球化文化中心的博物馆群带；三县城分别是雄县、容城县、安新县；五个城是国际文化城、国际创新城、国际大学城、国际医疗城以及国际体育（分散在国际文化城、国际大学城）。重点提出，利用白沟引河，布局核心区，构建城市特色。

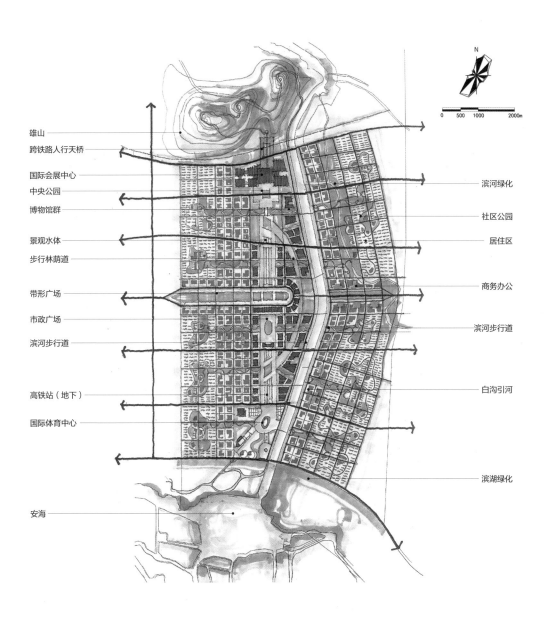

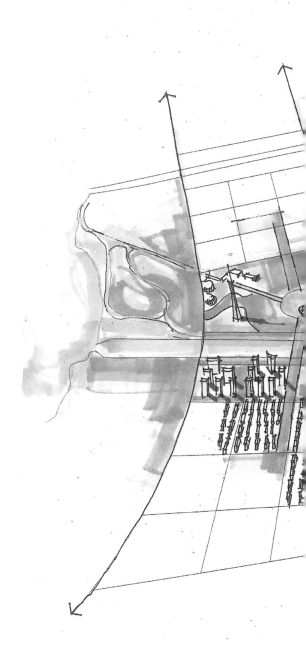

雄山
跨铁路人行天桥
国际会展中心
中央公园
博物馆群
景观水体
步行林荫道
带形广场
市政广场
滨河步行道
高铁站（地下）
国际体育中心
安海

滨河绿化
社区公园
居住区
商务办公
滨河步行道
白沟引河
滨湖绿化

N

0   500   1000   2000m

图 4-19 核心区城市设计方案草图

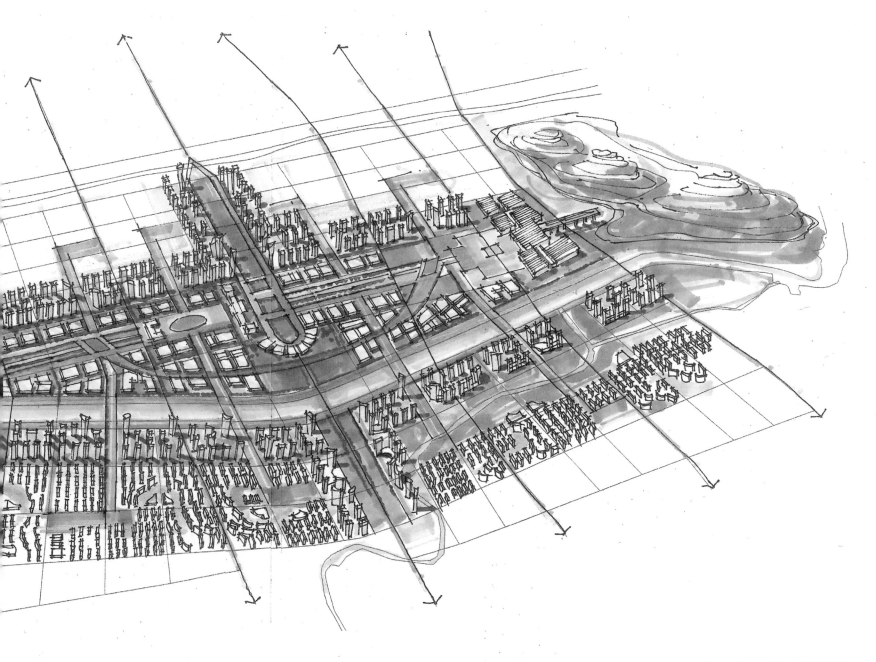

图 4-20 核心区城市设计方案鸟瞰草图

4.3 平面表达

基本方法

平面图是城市设计表达中最重要的内容，徒手表达可以有多种方式。传统的绘制方法主要是钢笔底稿＋马克笔上色，加上计算机辅助可以有多种组合选择，包括 CAD 底稿＋马克笔上色，钢笔底稿＋数位板上色，CAD 底稿＋数位板上色等。

范例拆解

以东莞水乡新城（洪梅）概念规划③ 核心区——欢乐水乡设计平面图绘制过程为例，首先利用 CAD 绘制主干路网，并按照 1：2000 比例打印，如图 4-21；然后在打印的图纸上完成设计方案，针管笔底稿如图 4-22；扫描底稿后利用数位板上色，如图 4-23。

第一步

第二步

第三步

图 4-21 CAD 绘制路网

图 4-22 针管笔底稿

图 4-23 数位板上色

绘制示例

图 4-24 至 4-27 展示了四张不同
尺度的平面徒手表达图。

绘制简介：A1 硫酸纸 | 3 天 |
2014 年 | 针管笔底稿 + 马克笔上色

设计简介

马耳山村位于沈阳南部，是 2014
年沈阳美丽乡村建设试点村，规划
布局结合项目策划，划分为 5 个
功能区：

①综合服务功能区，包括村庄入口
广场、旅游服务及村委会、公交车
站、农产品展销中心、农田租赁管
理中心等；
②休闲旅游度假区，包括露营烧烤
活动区、草莓采摘基地、草莓加工
包装中心等；
③现代农业观赏体验区，包括租赁
式农田、葡萄采摘园、樱桃谷及大
善寺等；
④马耳山登山体验区，包括登山入
口、旅游及商业服务、度假村及小
型竞技运动场等；
⑤特色冬季冰雪旅游区，包括溪流
景观、冬季室外滑雪场、生态住区
等。

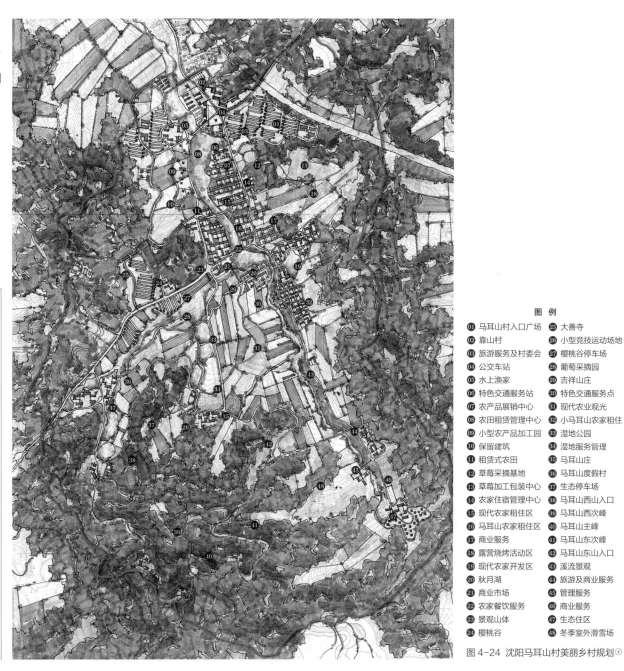

图 例

- ⓿❶ 马耳山村入口广场
- ❷ 靠山村
- ❸ 旅游服务及村委会
- ❹ 公交车站
- ❺ 水上渔家
- ❻ 特色交通服务站
- ❼ 农产品展销中心
- ❽ 农田租赁管理中心
- ❾ 小型农产品加工园
- ❿ 保留建筑
- ⓫ 租赁式农田
- ⓬ 草莓采摘基地
- ⓭ 草莓加工包装中心
- ⓮ 农家住宿管理中心
- ⓯ 现代农家住宿区
- ⓰ 马耳山农家租住区
- ⓱ 商业服务
- ⓲ 露营烧烤活动区
- ⓳ 现代农家开发区
- ⓴ 秋月湖
- ㉑ 商业市场
- ㉒ 农家餐饮服务
- ㉓ 景观山体
- ㉔ 樱桃谷

- ㉕ 大善寺
- ㉖ 小型竞技运动场地
- ㉗ 樱桃谷停车场
- ㉘ 葡萄采摘园
- ㉙ 吉祥山庄
- ㉚ 特色交通服务点
- ㉛ 现代农业观光
- ㉜ 小马耳山农家租住
- ㉝ 湿地公园
- ㉞ 湿地服务管理
- ㉟ 马耳山庄
- ㊱ 马耳山度假村
- ㊲ 生态停车场
- ㊳ 马耳山西山入口
- ㊴ 马耳山西次峰
- ㊵ 马耳山主峰
- ㊶ 马耳山东次峰
- ㊷ 马耳山东山入口
- ㊸ 溪流景观
- ㊹ 旅游及商业服务
- ㊺ 管理服务
- ㊻ 商业服务
- ㊼ 生态住区
- ㊽ 冬季室外滑雪场

图 4-24 沈阳马耳山村美丽乡村规划①

绘制简介：A3 复印纸 | 2 小时 | 2013 年 |
CAD 底稿 + 马克笔、彩铅上色

设计简介

基地位于山西省稷山县西社镇，规划分为广场活动区、绿化区、体育活动区、配套服务区。

①结合地形，广场活动区由两个梯形广场组成，之间由台阶相连，同时可作座椅，扩展休息空间，整个广场空间由乔木、景观柱、绿篱及灌木丛围合；
②绿化区主要分为两块，以自由小路为主，曲径通幽，另散布有多处休息平台，增加休息交流空间；
③体育活动区集中布局于地块西南侧，包括两个羽毛球场和一处活动器械场地；
④配套服务区主要是公厕、停车场等，为城市和广场提供简要配套。

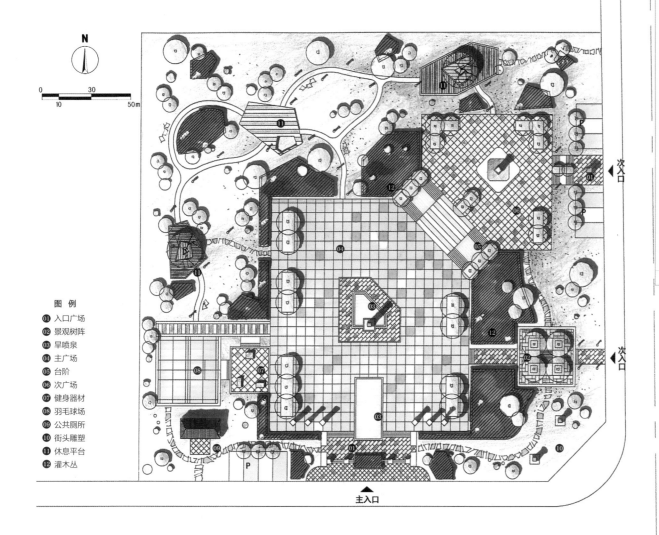

图 例

① 入口广场
② 景观树阵
③ 旱喷泉
④ 主广场
⑤ 台阶
⑥ 次广场
⑦ 健身器材
⑧ 羽毛球场
⑨ 公共厕所
⑩ 街头雕塑
⑪ 休息平台
⑫ 灌木丛

图 4-25 山西省稷山县西社镇广场设计 ⑤

绘制简介：A2 复印纸 | 2 小时 |
2020 年 | 钢笔底稿 + 数位板上色
+PS 周边环境辅助

设计简介

基地位于佛山市狮山镇，本
规划是东风水库入口处景观
设计的前期方案。

①整体规划顺应地形走势，
局部构建景观轴线；
②对临松岗大道用地做了整
体设计，以协调南侧近期开
发地块和未来北侧主入口的
布局；
③对于临松岗大道用地的北
侧地块（现有工厂），以现
有凹形水塘为基础，构建入
口景观，布局主入口，形成
入口广场、U 形水体、湖心
亭及景观塔视觉轴线；
④对于临松岗大道用地南侧
地块，设计休闲游园，形成
面向景观塔的次要轴线，沿
现有工厂外围修建园路，以
不侵入工厂用地为原则保证
近期可以实施。

图 4-26 佛山市南海区
东风水库景观设计⑥

图 例
① 入口广场
② 湖心亭
③ 景观草坡
④ 城市游园
⑤ 生态停车场
⑥ 景观塔
⑦ 临空栈道
⑧ 景观长廊
⑨ 花田景观
⑩ 观景台

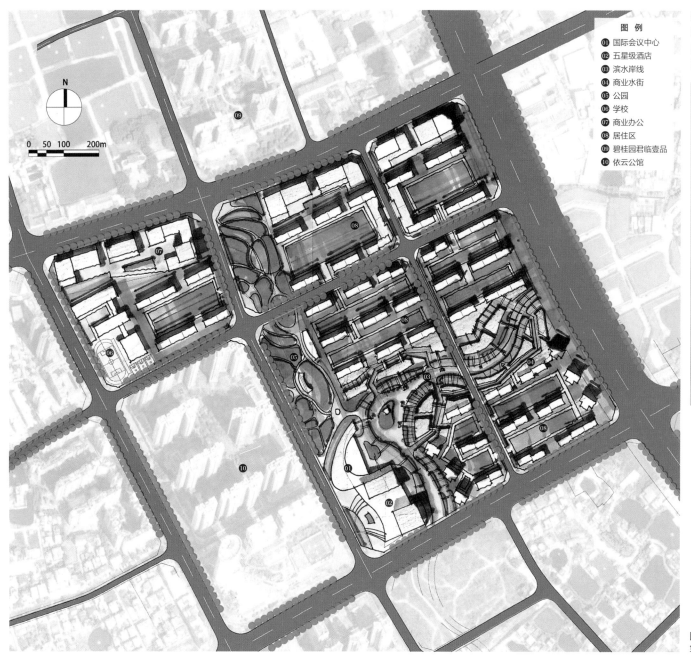

绘制简介：A2 硫酸纸 |
2 小时 | 2018 年 | 钢笔
底稿 + 马克笔上色 +
PS 周边环境辅助

图 例
01 国际会议中心
02 五星级酒店
03 滨水岸线
04 商业水街
05 公园
06 学校
07 商业办公
08 居住区
09 碧桂园君临壹品
10 依云公馆

N

0 50 100   200m

设计简介

基地位于佛山市九江
镇，是一个专业批发市
场，本规划是一项前期
改造规划。

①北侧地块面向九江
科技园，布局商务办公
功能；
②南部总体以居住为
主，在其中央梳理现有
水系，营造滨水灵动的
商业空间；
③在西南角与已开发
的依云公馆商业中心
相呼应，布局国际会议
中心与星级酒店；
④西侧沿路布局带状
休闲公园。

图 4-27 佛山市九江镇大转弯
鱼珠木材市场改造设计 ⑦

4.4 鸟瞰表达

基本原理

鸟瞰图是指视点以及视平线高于建筑、景观的顶部，从空中俯视的场景，是表达空间设计效果的主要工具。根据透视原理，主要有轴侧鸟瞰、一点鸟瞰、两点鸟瞰三种类型。

轴侧鸟瞰
轴侧鸟瞰是一种平行投影，将建筑与景观的平面以及两个立面平行投影到三维坐标系中，如图 4-28 所示。轴侧鸟瞰尽管不符合视觉规律，但有作图简单、比例关系准确等优点。

一点鸟瞰
一点鸟瞰是一种平行透视，如图 4-29，以一个正方体为例，X 轴、Z 轴与画面平行，它们所在的面域就不发生透视变形，只有 Y 轴呈现透视角度，仅有一个灭点，故称一点鸟瞰，对轴线对称、主立面突出的场景具有较强表现力。

两点鸟瞰
两点鸟瞰是一种成角透视，如图 4-30，以一个正方体为例，平行于 Z 轴的线与画面平行，平行于 X 轴、Y 轴的线与画面成一定角度，每组有一个灭点，共有两个灭点，故称两点鸟瞰，适合各式场景的表达。

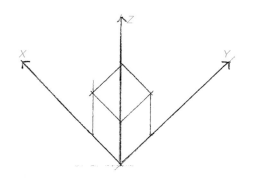

图 4-28 轴侧鸟瞰基本原理

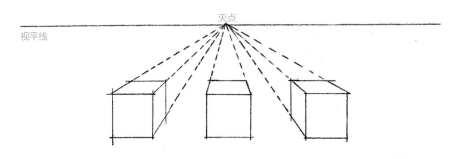

图 4-29 一点鸟瞰基本原理

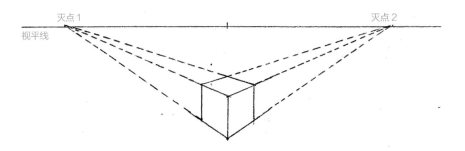

图 4-30 两点鸟瞰基本原理

第一步

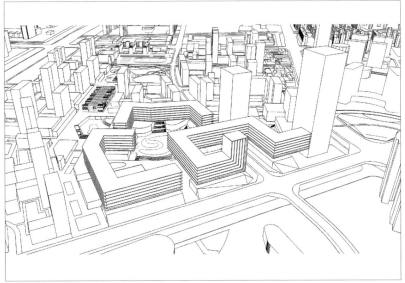

图 4-31 SU 创建模型

范例分解

如下以杭州之江未来社区规划 ® 中的青创坊设计鸟瞰图绘制过程为例，首先利用 CAD 完成平面制图，利用 Sketch Up 建立初步模型，如图 4-31，选择好透视角度后减淡打印，作为透视底稿；然后在打印稿上徒手绘制墨线底稿，同时深化建筑及景观设计，表达阴影及明暗关系，如图 4-32；最后将墨线底稿扫描，导入计算机，利用数位板上色，如图 4-33。

第二步

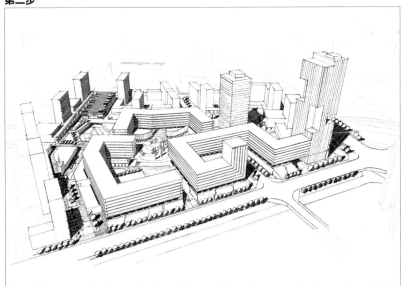

图 4-32 绘制底稿（铅笔）

第三步

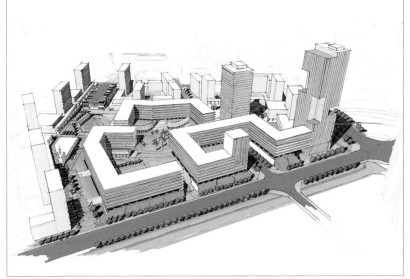

图 4-33 数位板上色

鸟瞰示例

图 4-34 至 4-37 展示了四张不同尺度的徒手表
达鸟瞰图。

绘制简介：A1 打印纸（A3 图幅）| 30 分钟 |
2013 年 | 钢笔底稿 + 马克笔上色

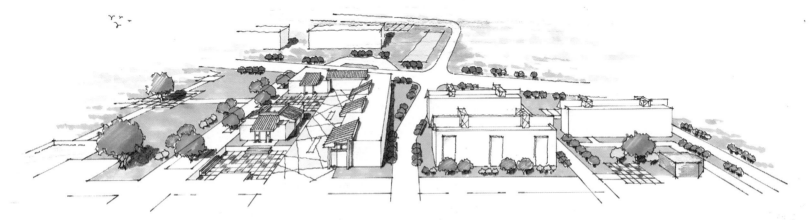

图 4-34 一点鸟瞰示例一

绘制简介：A1 打印纸 | 2 小时 |
2012 年 | 钢笔底稿 + 马克笔上色

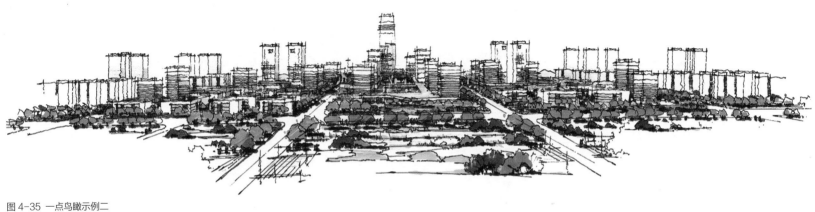

图 4-35 一点鸟瞰示例二

绘制简介：A2 水彩纸 | 3 小时 |
2012 年 | 针管笔底稿 + 水彩上色

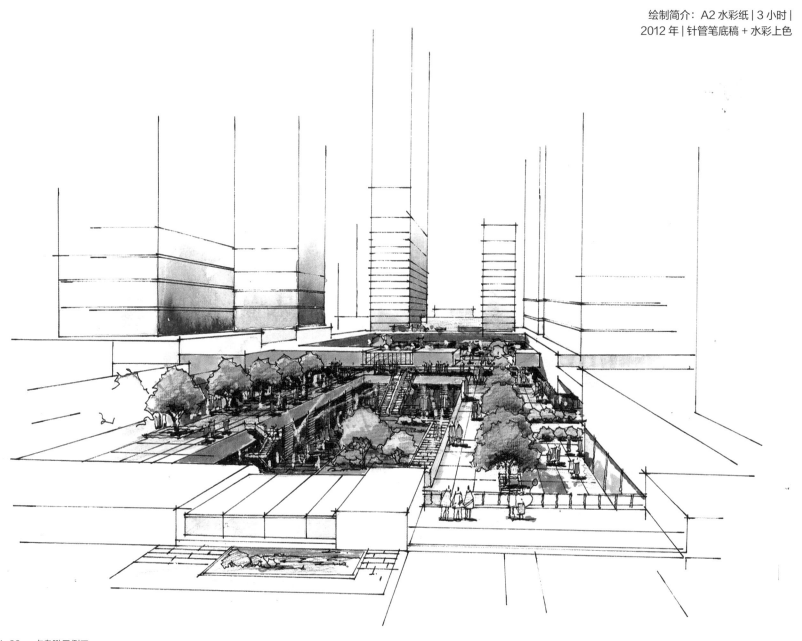

图 4-36 一点鸟瞰示例三

绘制简介：A2 硫酸纸 | 2 小时 | 2018 年 |
钢笔底稿 + 数位板上色 +PS 辅助标记

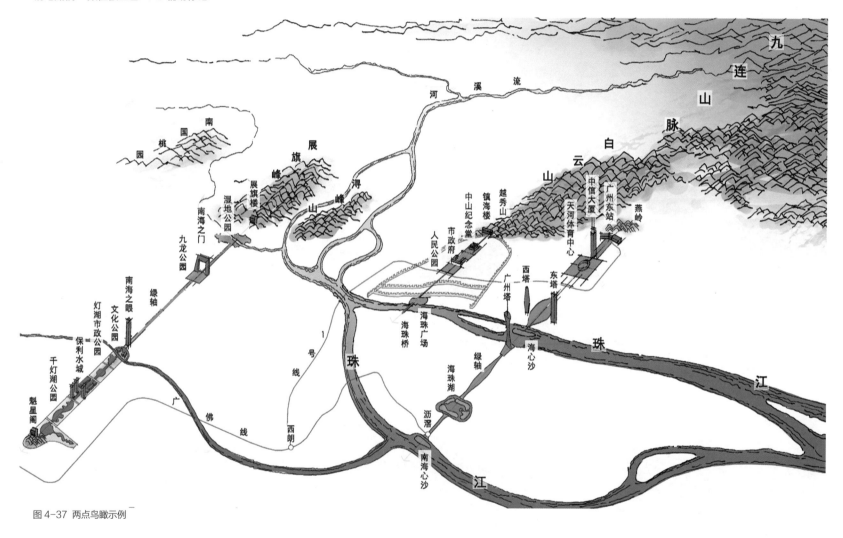

图 4-37 两点鸟瞰示例

图绘简介
图绘为广佛超级城市山水人文格局，经过 21 世纪以来的城市区域化、区域一体化过程，广佛同城化发展，形成一个完整"核心—边缘"都市区，实现了空间结构的再造，还正在以三条城市轴线重构基于历史上广东省城（Canton）"古南海—古番禺"的人文山水意向[22]。

05 项目实践中的徒手表达

Sketch in Project Practice

5.1 儋州滨海新区概念规划暨核心区城市设计 [9]

项目概况

儋州位于海南岛的西海岸，滨海新区是儋州"一市、双城、三组团"总体格局中的其中一城、一个组团。那大城区、杨浦开发区、滨海新区构成儋州城市格局的三个组团，环岛高速、环岛高铁沿海岸线穿过市域，西至海口、东至三亚，万洋高速、北部湾大道、杨浦大桥连通三个组团。如图5-01、5-02所示。

儋州滨海新区正对海花岛，因海花岛的开发而建设，也因海花岛而被广泛关注，本次规划分为概念规划与城市设计两个层面，如图5-03所示。

概念规划范围由陆域（包括北部的白马井镇部分区域和南部的排浦镇部分区域）和海花岛两部分组成，总面积46.42km²。

城市设计范围由原滨海新区第一、第二、第三及中心组团控规边界和海岸线组成，规划面积12.92km²。

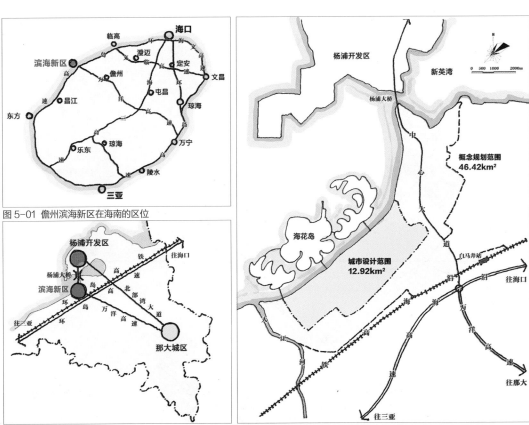

图 5-01 儋州滨海新区在海南的区位

图 5-02 滨海新区在儋州的区位

图 5-03 概念规划与城市设计范围

规划思路与方案生成

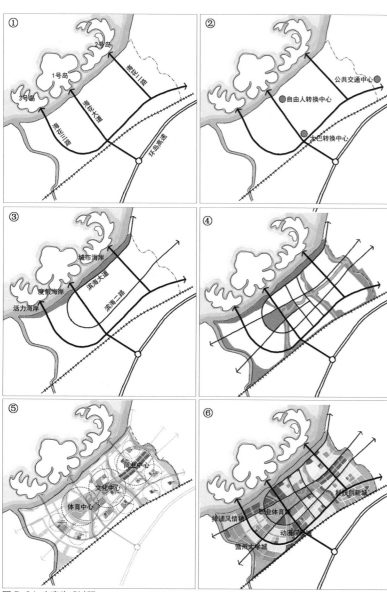

图 5-04 方案生成过程

问题导向、理性应对

主要提出如下四项策略，如图 5-04。

①针对海花岛交通问题，一是海花大道快速化，所有路口全部采用立交形式，直连环岛高速，二是规划三个交通转换中心集散海花岛客流；

②针对海岸线遭破坏和生态断裂问题，提出恢复200m 海岸保护带；

③针对公共服务设施不足问题，提出"以城补岛"来提升海花岛可居性；

④充分挖掘海花岛外部资源，思考借力海花岛发展相关产业，规划职业体育城、动漫媒体城、排浦风情镇、儋州大学城、科技创新城 5 个功能区。

空间营造、重塑品质

滨海新区最大的空间资源是滨海，但由于海花岛的建设，滨海城市变成靠海城市，如图 5-05。提出在陆域植入平行于海岸线的中央公园带，布局公共服务设施以及公园绿地，串联城市组团、提升土地价值，构筑城市生长主脊，以此建构城市结构，重塑城市景观，如图 5-06。

图 5-07 是总体鸟瞰图，图 5-08 是项目过程中的平面手绘图，图 5-09 是中心区鸟瞰图。

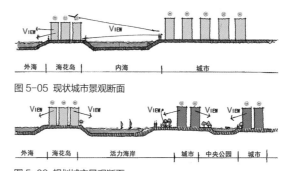

图 5-05 现状城市景观断面

图 5-06 规划城市景观断面

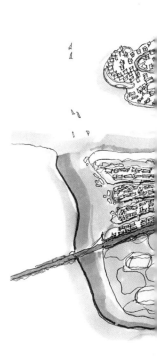

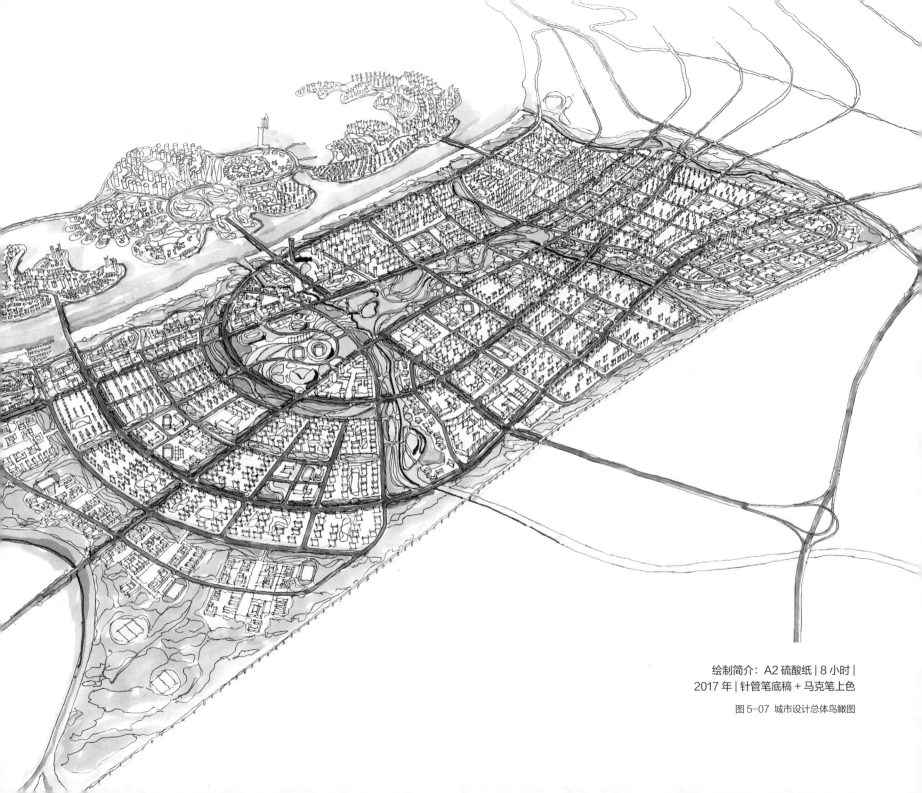

绘制简介：A2 硫酸纸 | 8 小时 |
2017 年 | 针管笔底稿 + 马克笔上色

图 5-07 城市设计总体鸟瞰图

绘制简介：硫酸纸（3 张 A0 拼合）| 30 天 | 2017 年 |
钢笔底稿 + 马克笔上色

N

0　100　200　　　500m

图 5-08　设计方案手绘图

图 例

01 体育公园	14 美术馆	27 商务办公	40 滨水餐饮街
02 综合体育场	15 城市公园	28 交通转换中心	41 特色商业街
03 棒球馆	16 城市展厅	29 奥特莱斯	42 民俗风情街
04 橄榄球馆	17 自由人中心	30 国际医院	43 院落别墅
05 篮球馆	18 体育媒体中心	31 国际学校	44 接待中心
06 游泳馆	19 海之眼	32 滨海度假酒店	45 污水处理厂
07 体育俱乐部	20 滨海酒店	33 临海度假酒店	46 旅游职业技术学院
08 中央公园	21 渔人码头	34 海滨广场	47 语言培训学院
09 观光塔	22 商务酒店	35 游艇会	48 科技创新学院
10 文化公园	23 动漫展示中心	36 游艇港池	49 体育培训学院
11 博物馆	24 滨水工作坊	37 灯塔	50 林下球场
12 图书馆	25 会议中心	38 游艇培训中心	
13 科技馆	26 动漫演艺中心	39 水上运动培训中心	

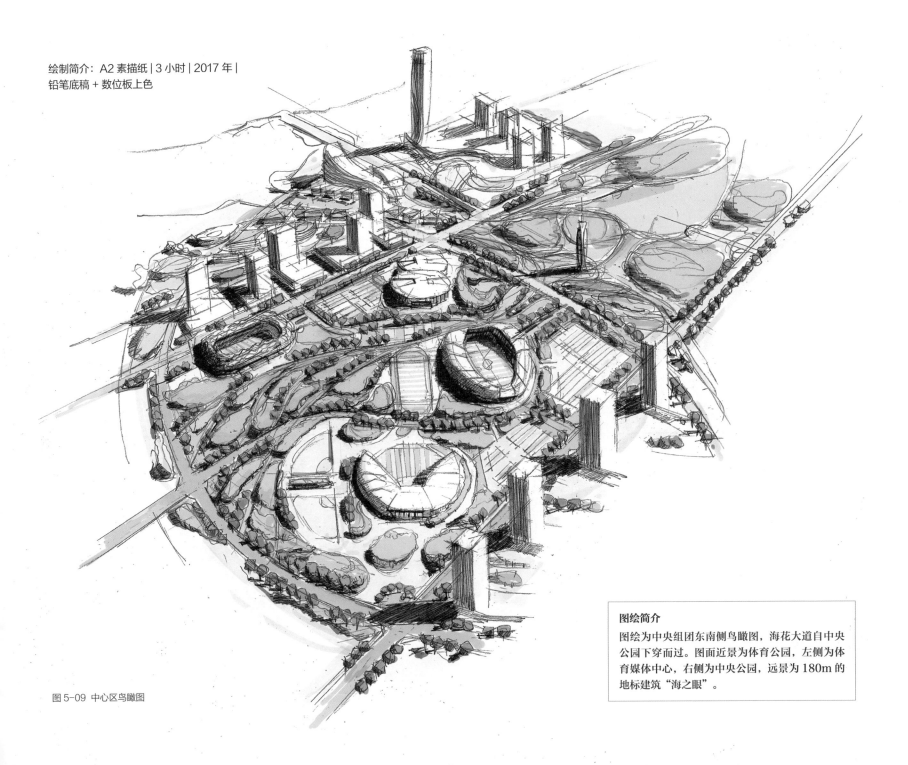

绘制简介：A2 素描纸 | 3 小时 | 2017 年 |
铅笔底稿 + 数位板上色

图绘简介
图绘为中央组团东南侧鸟瞰图，海花大道自中央公园下穿而过。图面近景为体育公园，左侧为体育媒体中心，右侧为中央公园，远景为 180m 的地标建筑"海之眼"。

图 5-09 中心区鸟瞰图

5.2 深珠合作示范区后环片区城市设计 ⑩

项目概况

深圳至珠海的城际高铁规划建设在珠海高新区后环片区设后环站。珠海市政府积极筹设深珠合作示范区，后环片区是首发片区，用地面积 6.63km²。

后环片区原本就是珠海高新区（唐家湾）的一个片区，审视其在区域格局中的结构，形成"一岛、一芯、三片"空间结构，如图 5-10 所示。一岛指淇澳生态休闲岛；一芯即本次城市设计的后环片区，定位为中央创智芯；三片包括北围枢纽片区、金鼎工业片区、大学城片区。

规划思路

城市设计总体为"三廊、一环、两带"的空间结构，如图 5-11 所示。

第一，情侣路滨海选线，打造情侣路滨海生态带，并创造两节点——欢乐港湾、深珠科技论坛，同时港湾大道从边界变交界，形成学研产城融合带。第二，在后环、后环东两个地铁站中间设计中央公园，策划为中央创智环。第三，在中央公园西策划设计大学科技创新廊，穿过中央公园策划设计山海魅力生态廊，在中央公园东策划设计唐家海洋文化廊。

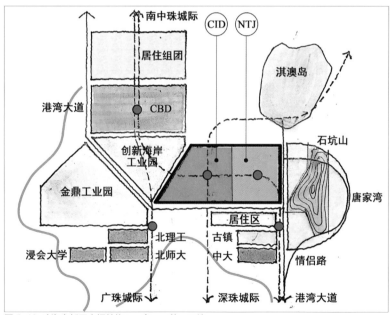

图 5-10 珠海高新区空间结构：一岛、一芯、三片

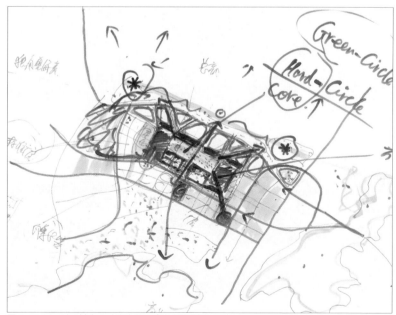

图 5-11 后环片区城市设计方案草图（袁奇峰教授手稿）

图 5-12 后环片区概念用地规划

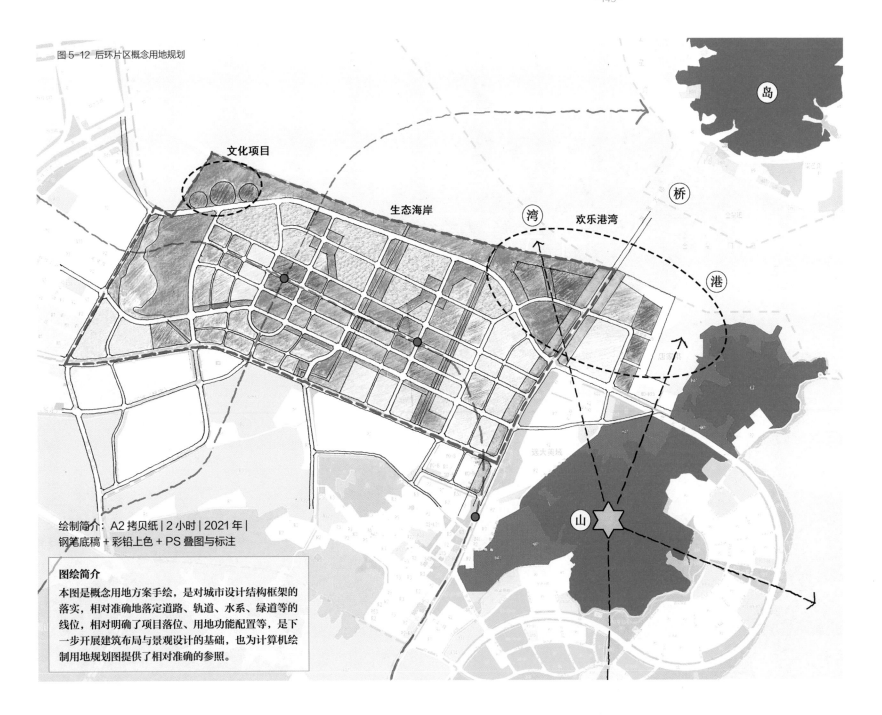

文化项目

生态海岸

湾 欢乐港湾

桥

港

岛

山

绘制简介：A2 拷贝纸 | 2 小时 | 2021 年 |
钢笔底稿 + 彩铅上色 + PS 叠图与标注

图绘简介

本图是概念用地方案手绘，是对城市设计结构框架的
落实，相对准确地落定道路、轨道、水系、绿道等的
线位，相对明确了项目落位、用地功能配置等，是下
一步开展建筑布局与景观设计的基础，也为计算机绘
制用地规划图提供了相对准确的参照。

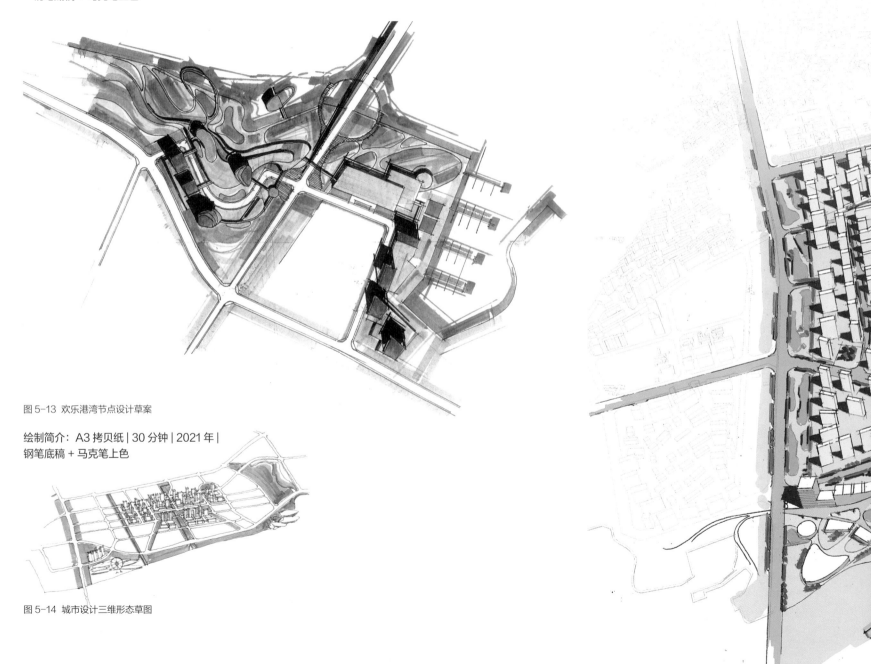

绘制简介：A1 拷贝纸 | 60 分钟 | 2021 年 |
钢笔底稿 + 马克笔上色

图 5-13 欢乐港湾节点设计草案

绘制简介：A3 拷贝纸 | 30 分钟 | 2021 年 |
钢笔底稿 + 马克笔上色

图 5-14 城市设计三维形态草图

绘制简介：A2 打印纸 | 8 小时 |
2021 年 | 铅笔底稿 + 数位板上色

图 5-15 城市设计总体鸟瞰图

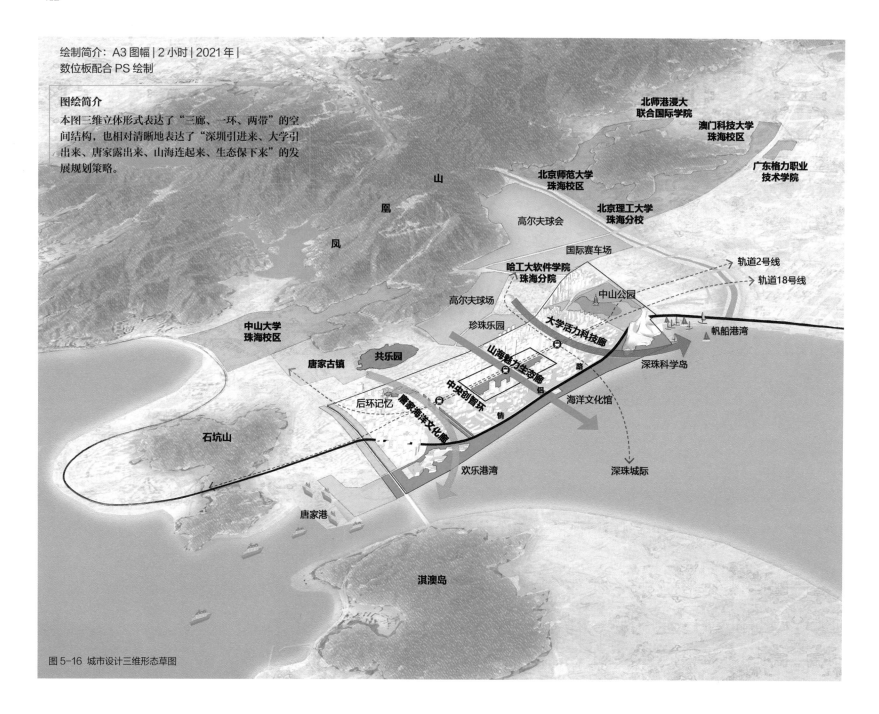

绘制简介：A3 图幅 | 2 小时 | 2021 年 |
数位板配合 PS 绘制

图绘简介
本图三维立体形式表达了"三廊、一环、两带"的空
间结构，也相对清晰地表达了"深圳引进来、大学引
出来、唐家露出来、山海连起来、生态保下来"的发
展规划策略。

山

凰

凤

北师港浸大
联合国际学院

澳门科技大学
珠海校区

广东格力职业
技术学院

北京师范大学
珠海校区

北京理工大学
珠海分校

高尔夫球会

国际赛车场

轨道2号线

轨道18号线

哈工大软件学院
珠海分院

中山公园

高尔夫球场

大学活力科技廊

中山大学
珠海校区

珍珠乐园

山海魅力生态廊

帆船港湾

唐家古镇

共乐园

中央创富环

深珠科学岛

后环记忆

唐家海洋文化廊

海洋文化馆

石坑山

欢乐港湾

深珠城际

唐家港

淇澳岛

图 5-16 城市设计三维形态草图

5.3 杭州之江新城城市设计^①及未来社区规划

城市设计概况

改革开放后，杭州经历"城市东扩、旅游西进，沿江开发、跨江发展"的扩张过程，空间拓展、结构重构，由西湖时代迈向钱塘江时代，形成"中心城区—边缘组团"的"核心—边缘"格局。

2017 年，杭州提出"拥江发展"战略目标，呈现产业向东、城市向西的发展格局，主城区向临安、富阳拓展，余杭和之江成为重要的战略空间，如图 5-17。由此，西湖区启动之江新城城市设计，规划面积 9.6km²。

杭州在城市拓展过程中，从围绕西湖"拥湖发展"到"西湖西进"西溪湿地的修复，再到"跨江发展"中湘湖的开发，展现了杭州以山水为脉的景观都市主义的发展路径，如图 5-18。

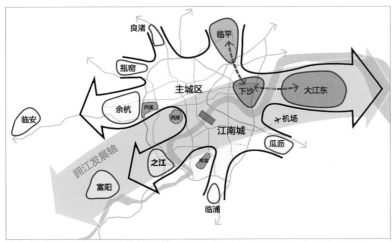

图 5-17 杭州拥江发展格局中的之江区位

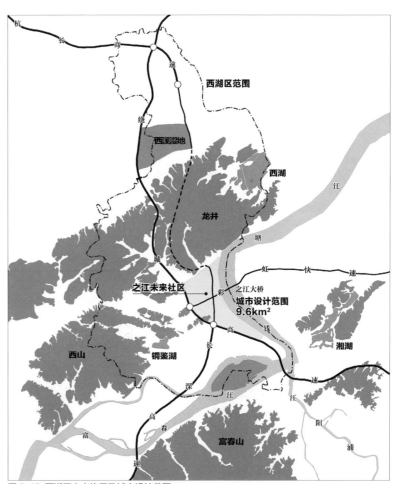

图 5-18 西湖区山水格局及城市设计范围

城市设计思路与方案生成

在充分辨析杭州城市结构重构、现有规划、现有资源盘整的基础上,提出整体谋划、生态优先、交通改善及品质空间4项设计策略,如图5-19至5-22。

①提出"文创、艺创高地"的定位,将旅游度假区升级为城市副中心、杭州RBD。

②辨析自然山水格局,凤凰山簇和富春山形成两山对峙之势,富春江与浦阳江交汇于之江新城东南三江口,汇合为钱塘江由南向北环绕之江新城而过,灵山成为拥江时代的城市"主山",提出灵山探海轴,如图5-23。

③提出增加跨江通道强化对外联系、采取工程手段破除交通切割困境两项策略,改善交通,支撑发展。

④针对南片区提出打造高地策略,将省级文化中心重新选址于灵山探海轴的山水交汇处,创造品质空间,打造文化高地,如图5-24、5-25;对北片区提出"减功能、增活力、加价值"的修补城市策略,在滨江地块策划欢乐海岸项目,如图5-26。

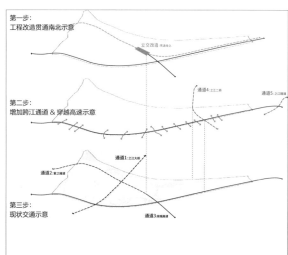

图 5-19 改善交通

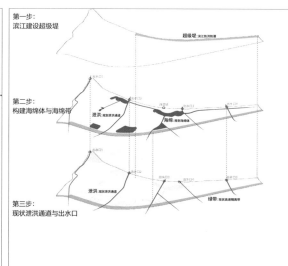

图 5-20 修复生态

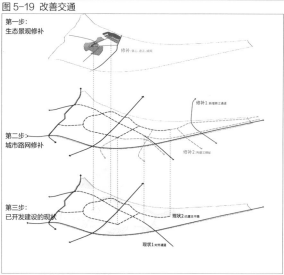
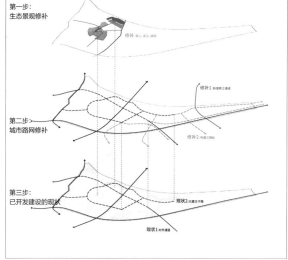

图 5-21 修补城市——北片区

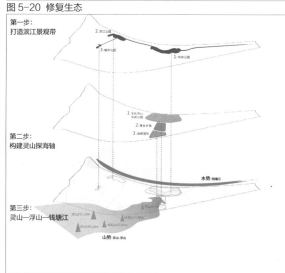

图 5-22 打造高地——南片区

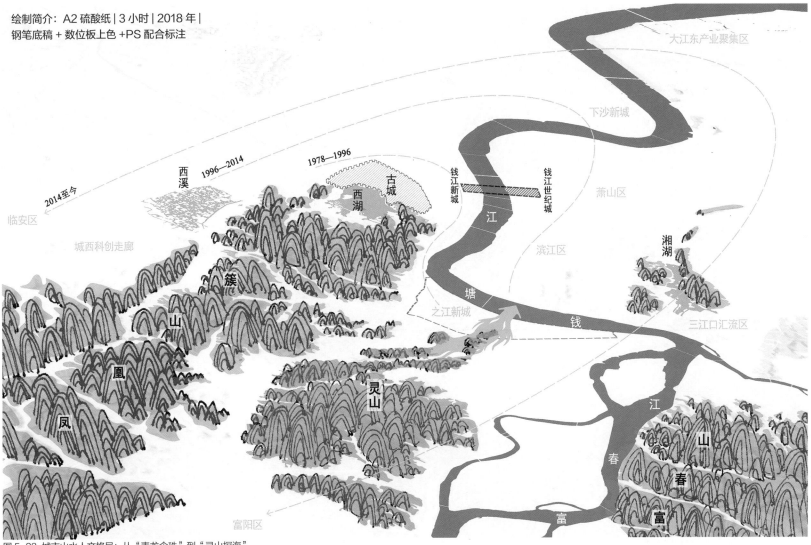

绘制简介：A2 硫酸纸 | 3 小时 | 2018 年 |
钢笔底稿 + 数位板上色 +PS 配合标注

大江东产业聚集区

下沙新城

西溪　1996—2014　1978—1996

2014至今

临安区

城西科创走廊

簇

山

凰

凤

古城

西湖

钱江新城　钱江世纪城

江

塘

之江新城

钱

萧山区

滨江区

湘湖

三江口汇流区

灵山

江

春

富

山

春

富

富阳区

图 5-23 城市山水人文格局：从"青龙含珠"到"灵山探海"

绘制简介：A1 硫酸纸 | 8 小时 | 2018 年 |
钢笔底稿 + 马克笔上色

梧 桐 路

枫

桦

东 路

城 富 速

0 50 100   200m

图 例

① 浙江省文化中心
② 浙江花园
③ 之江实验室
④ 滨江酒店
⑤ 滨水商业
⑥ 文化 MALL
⑦ 灵山探海轴
⑧ 商业 MALL
⑨ 海绵湿地
⑩ 浮山山体公园
⑪ 学校
⑫ 住宅区
⑬ 超级堤
⑭ 钱塘江
⑮ 云栖小学
⑯ 水韵小区

图 5-24 南片区设计方案手绘草图

绘制简介：A2 素描纸 | 2 小时 |
2018 年 | 铅笔底稿 + 数位板上色

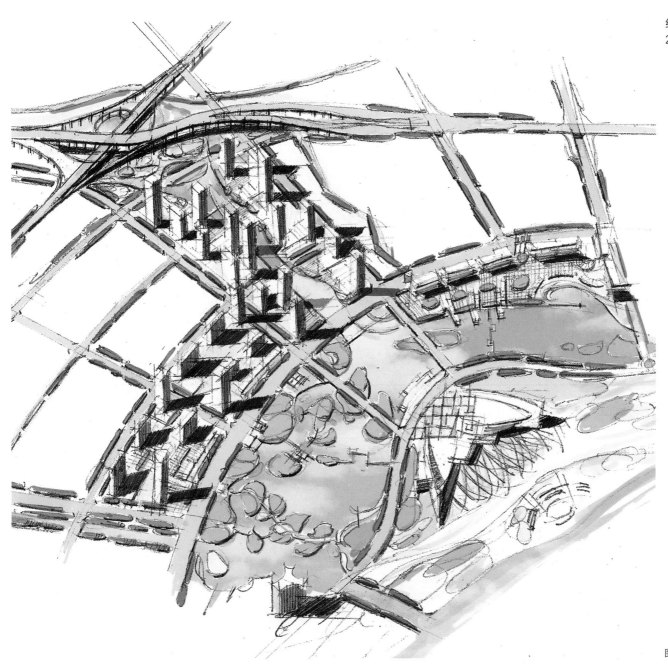

图 5-25 南片区城市设计鸟瞰图

绘制简介：A2 素描纸 | 4 小时 | 2018 年 |
铅笔底稿 + 数位板上色

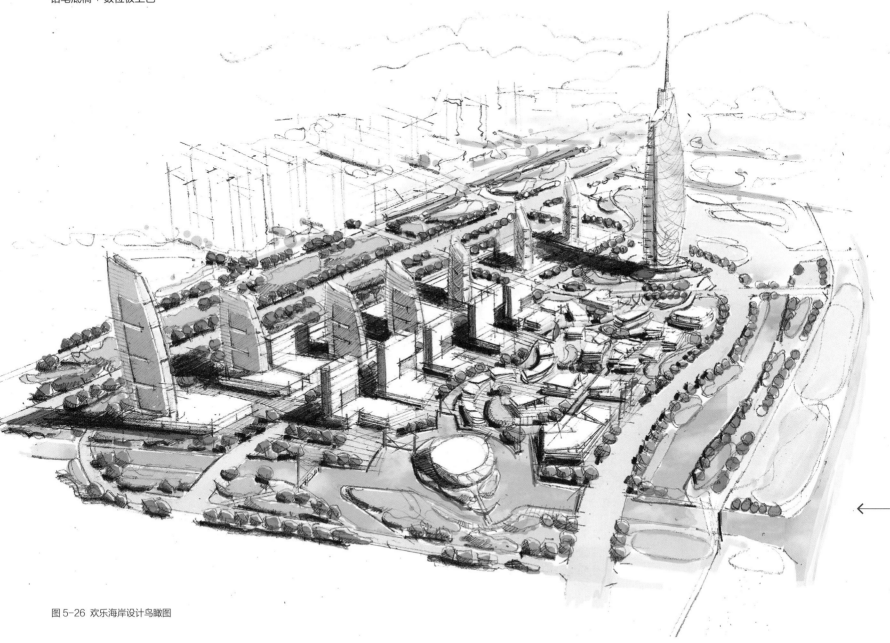

图 5-26 欢乐海岸设计鸟瞰图

之江未来社区规划

2019 年，浙江省积极推动建设"未来社区"，之江未来社区被选定为第一批试点项目，位于之江城市设计范围（9.6km²）的北片区，之江未来社区设计范围北至江涵路、西至枫桦路、南至彩虹快速路辅路、东至恒大水晶国际广场，用地面积 0.53km²，水晶城东侧与之浦路隔路相望的是本团队在之江新城城市设计中策划并设计的欢乐海岸，如图 5-27。

本规划提出未来城市有三种模型：技术城市、生态城市、社会城市，认为未来社区的建设应该选择适用技术、修复生态环境、维护社会价值。进而提出四条设计原则：①街道复兴，扩张城市公共性；②公共空间营造，形成创新型社区；③小街区模式，推动业主自治；④城市功能混合，创新 TOD 模式。

图 5-28、图 5-29 以及图 5-31 是项目成果中的徒手表达图，图 5-30 则是项目过程中的方案平面草图。

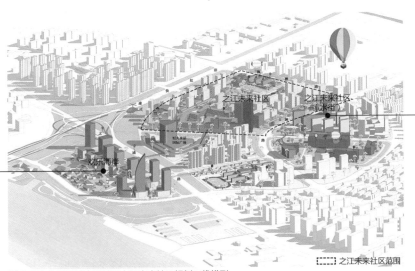

图 5-27 北片区城市设计及之江未来社区规划三维模型

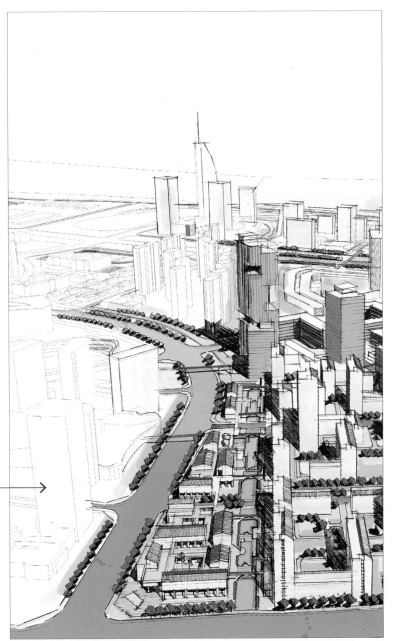

图 5-28 之江未来社区水街鸟瞰图

图 5-29 之江未来社区设计鸟瞰图

绘制简介：A2 打印纸 | 4 小时 | 2018 年 |
SU 建模 + 铅笔底稿 + 数位板上色

绘制简介：A1 拷贝纸 | 4 小时 | 2018 年 |
钢笔底稿 + 马克笔上色

N

0 50 100 200m

图 例

① 青创坊　　　⑨ 江南水街
② 云上公寓　　⑩ 54 班小学
③ 运动场　　　⑪ 立体运动场
④ 创园　　　　⑫ 社区商业中心
⑤ 乐园　　　　⑬ 邻里中心
⑥ 公园　　　　⑭ 长者食堂
⑦ 持续关怀住区　⑮ 社区医疗中心
⑧ 住宅　　　　⑯ 幼儿园

图 5-30 之江未来社区设计方案手绘图

绘制简介：A2 打印纸 | 4 小时 | 2018 年 |
SU 建模 + 铅笔底稿 + 数位板上色

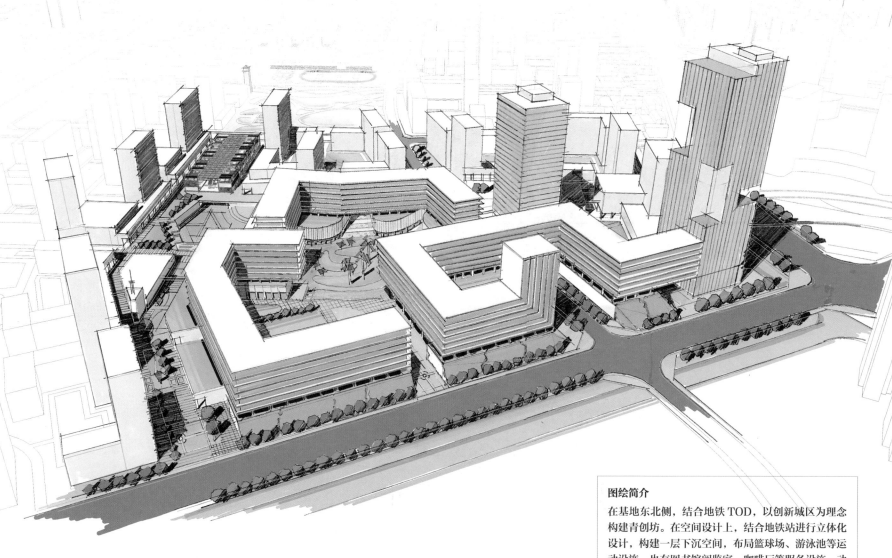

图 5-31 之江未来社区青创坊鸟瞰图

图绘简介
在基地东北侧，结合地铁 TOD，以创新城区为理念构建青创坊。在空间设计上，结合地铁站进行立体化设计，构建一层下沉空间，布局篮球场、游泳池等运动设施，也有图书馆阅览室、咖啡厅等服务设施，动静结合，营造激发青年人活力、思想的创新交流空间。

5.4 佛山高铁枢纽片区规划设计

佛山西站新城城市设计[12] 概况

佛山抓住贵广、南广高铁建设的机会，主动于2013年设立佛山西站，同时汇集广佛肇、广佛环线两条城际线。随着广湛高铁的建设，设立佛山站，佛山地铁3号线串联佛山西站与佛山站，两者共同组成了广州区域交通枢纽的西部枢纽，如图5-32。

佛山西站位于南海区狮山镇，作为一个飞入型要素，给狮山城市建设带来了重大机遇。本规划提出狮山中心城区融合发展，以南园区作为衔接点，南借、西承、北撑、东引实现一体化，如图5-33、5-34。其中，佛山西站枢纽新城规划面积为8.58km^2，如图5-35。

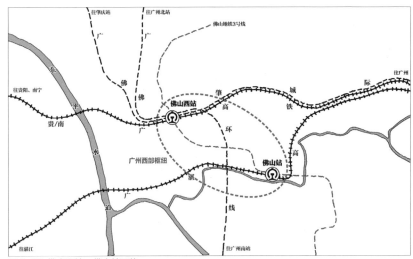

图 5-32 佛山西站＋佛山站区位

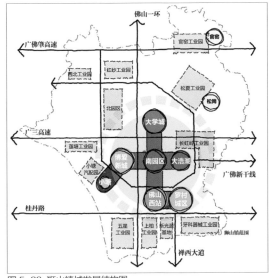

图 5-33 狮山镇域发展结构图

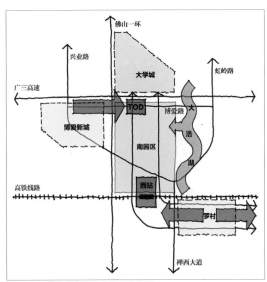

图 5-34 狮山中心区融合发展结构图

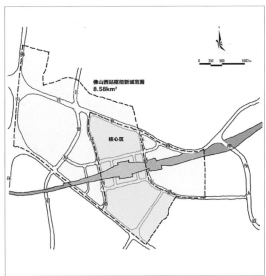

图 5-35 佛山西站枢纽新城范围

图 5-36 佛山西站枢纽新城核心区设计方案手绘图

佛山西站新城城市设计思路

第一，问题导向。①由于区位因素，佛山西站与其他的城郊高铁站一样，面临孤城之困，本规划提出佛山西站新城要借力罗村人口及其消费力，策划文博商业综合体，激活佛山西站枢纽新城的开发。②原规划在佛山西站南侧建设大型会展中心，但在珠三角会展业激烈竞争背景下，本规划提出要保持审慎的态度，将会展中心收缩后选址于北侧，以会展中心带动西站片区北部发展。

第二，创意导向。①在新城南部，沿东侧水系，打造一条岭南传统要素与现代要素融合的岭南风情商业水街。②北部保留现状山体，围绕山体设计美食街。③围绕站体极大化地下空间与空间连廊系统，南部负二层广场延伸至文博商业综合体，北部二层连廊延伸穿过山体公园至会展中心。

图 5-36、5-37 展示了佛山西站新城核心区方案手绘图及鸟瞰表现图。

图 例
① 岭南风情水街
② 文博商业综合体
③ 中央下沉生态广场
④ 佛山西站
⑤ 会展中心
⑥ 圆环地标
⑦ 高科技产业总部基地
⑧ 公园
⑨ 活力住区
⑩ 山体公园
⑪ 风情美食街
⑫ 站前休闲广场

绘制简介： A1 硫酸纸 | 4 小时 | 2019 年 |
钢笔底稿 + 马克笔上色

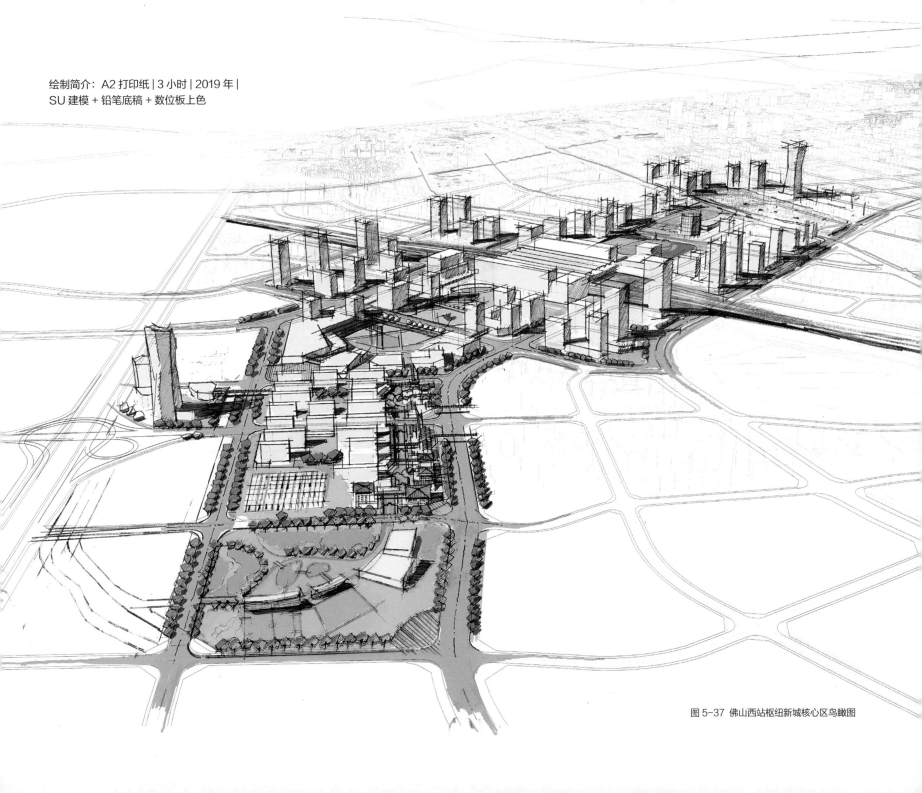

绘制简介：A2 打印纸 | 3 小时 | 2019 年 |
SU 建模 + 铅笔底稿 + 数位板上色

图 5-37 佛山西站枢纽新城核心区鸟瞰图

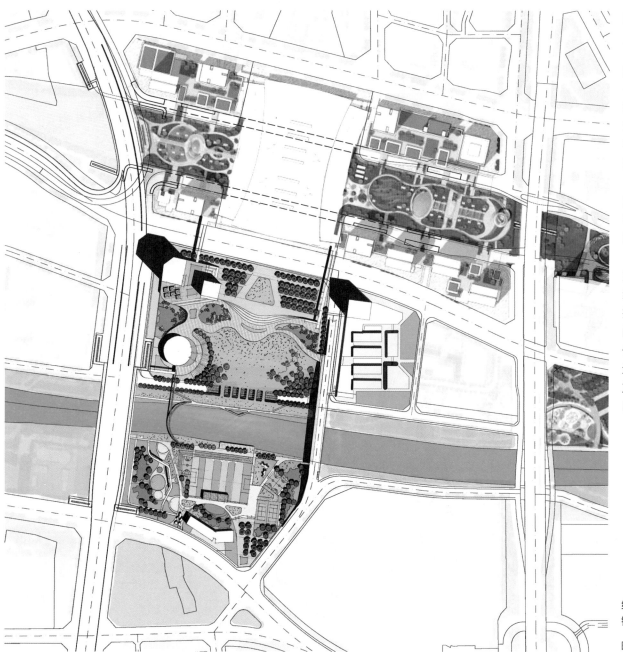

广湛高铁佛山站片区规划设计⑬

第一，摒弃当前高铁站站前广场千篇一律、千站一面的大轴线、大广场不符合人尺度的布局。提出"一河两岸、筑城市绿芯"的设计思路，北连高架平台花园、南接城市街区绿地，如图5-38。

第二，分为南北两个地块，北侧规划布局站前公园＋文化综合体，南侧规划布局城市运动公园，如图5-39。

第三，在车站地区规划设计中，交通纾解是第一要务。当前城市设计为保持广场完整，截断滨河路形成两个封闭街区，交通压力全部集中在站南的佛罗路上。规划增加一条跨河通道，连通东西向滨河路，一可以为站南增加纾解通道，二可以分解站南两个街区的交通。

绘制简介： A1硫酸纸｜4小时｜2019年｜钢笔底稿＋马克笔上色

图5-38 广湛高铁佛山站南广场设计

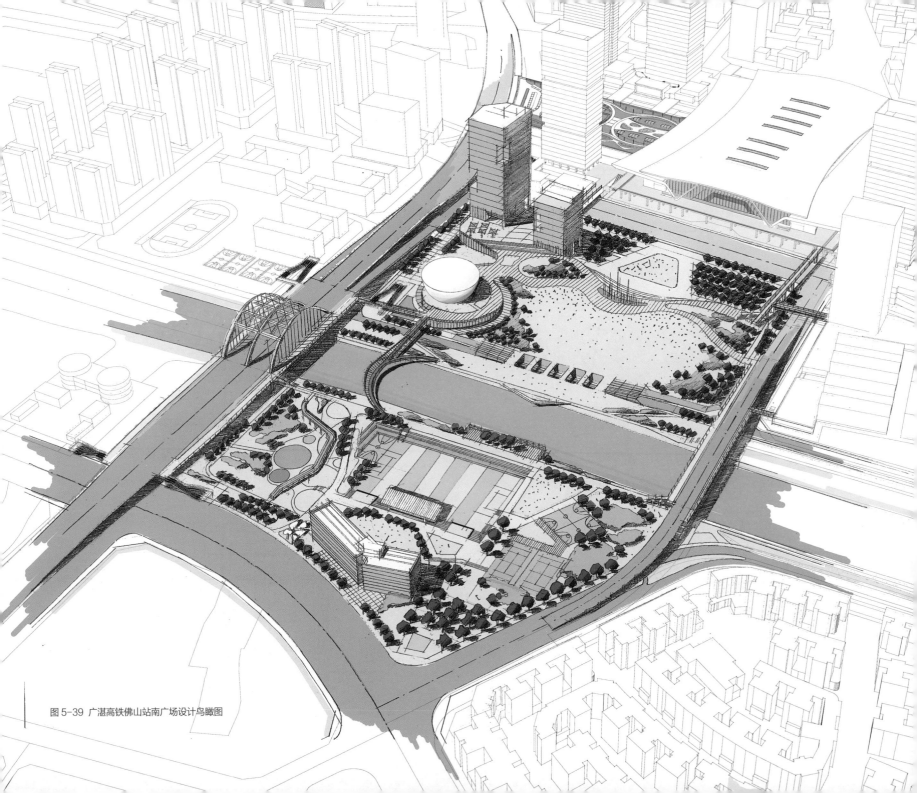

图 5-39 广湛高铁佛山站南广场设计鸟瞰图

5.5 东莞水乡新城（洪梅）概念规划 ③

项目概况

东莞水乡地区位于东莞市西北部，包含麻涌、中堂、望牛墩、洪梅、道滘5个镇，是东莞发展相对滞后地区。为了提升发展，东莞于2013年设立水乡功能区，2017年提出建设水乡新城。水乡新城以东莞西站为核心，以洪梅镇北部为主体，范围向东跨越至道滘镇部分用地，向西囊括望牛墩镇部分用地，如图5-40。

本规划在区域层面重点研究洪梅镇镇区与水乡新城的协同发展，提出创新城、乐活城、产业城、生态城四城格局，如图5-41。

规划思路

在区域研究的基础上，重点对洪梅镇乐活城片区进行城市设计，设计思路与方案推导过程如下。

①梳理区域交通，两纵三横分割镇域，如图5-42。望沙路、洪金路南北纵贯而过；水乡大道、疏港大道、洪梅大桥延长线东西横穿而过。

②提出城市环路，组织镇区内部交通，如图5-43。东面以洪梅大道为线；北面以黎溪路过江通道形成北环线；西面以滨江规划路为线；南面在翰林中学南侧一市民中心北侧搭建一条新的过江通道，形成南环线。

图5-40 水乡新城、洪梅镇区位图

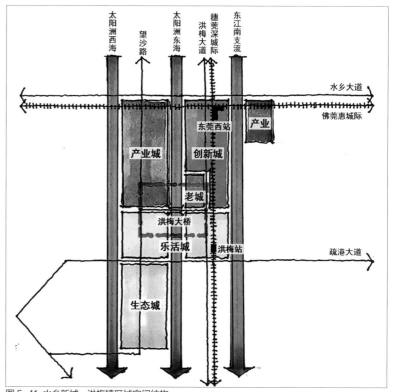

图5-41 水乡新城、洪梅镇区域空间结构

③滨水路改线，让渡滨水空间，如图 5-44。这样可以退让出一个完整的滨水空间，布局滨水公园。同时结合现有水塘，布局滨水商业街、城市公园，创造一个魅力空间集合体。

④重新组织要素，建构城市空间秩序，如图 5-45。一是洪梅广场沿民广路至小康路形成一条东西向轴线；二是向南沿改线后的滨江路形成一条南北向轴线；三是在北侧形成一条镇政府至产业城的轴线。结合两条东西向轴线设步行桥，步行桥与滨江路形成一个 3000m 长的步行环。

图 5-42 梳理区域交通

图 5-43 组织内部交通

图 5-44 让渡滨水空间

图 5-45 重构空间秩序

图 5-46 核心区——欢乐水乡城市设计方案手绘图（第一稿）

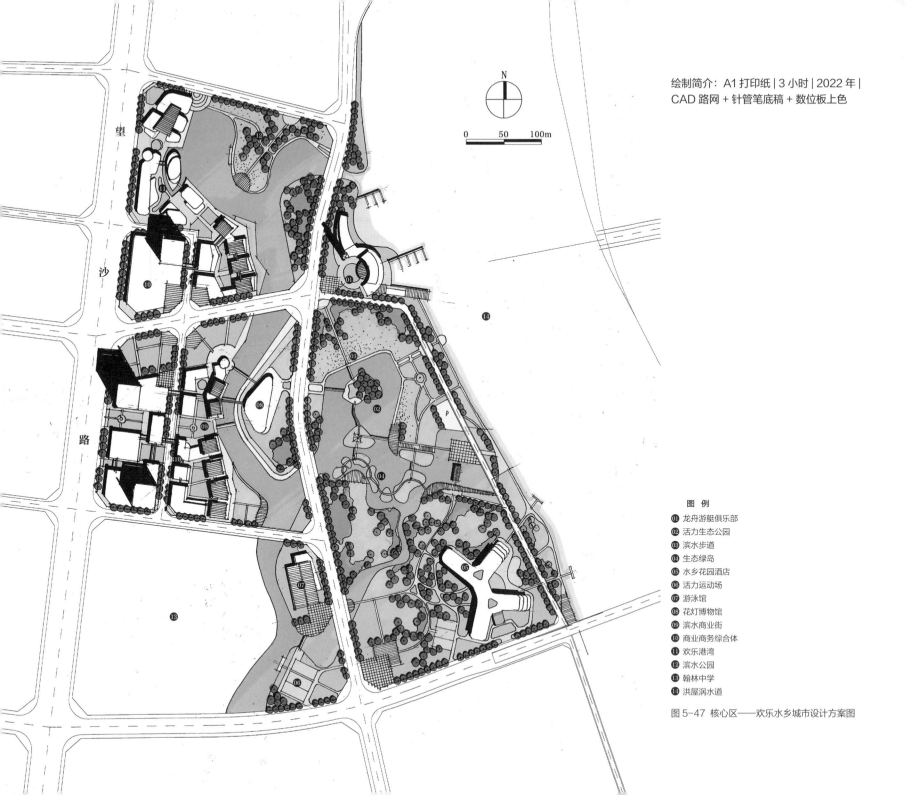

绘制简介：A1 打印纸 | 3 小时 | 2022 年 |
CAD 路网＋针管笔底稿＋数位板上色

N

0   50   100m

望

沙

路

图　例

① 龙舟游艇俱乐部
② 活力生态公园
③ 滨水步道
④ 生态绿岛
⑤ 水乡花园酒店
⑥ 活力运动场
⑦ 游泳馆
⑧ 花灯博物馆
⑨ 滨水商业街
⑩ 商业商务综合体
⑪ 欢乐港湾
⑫ 滨水公园
⑬ 翰林中学
⑭ 洪屋涡水道

图 5-47 核心区——欢乐水乡城市设计方案图

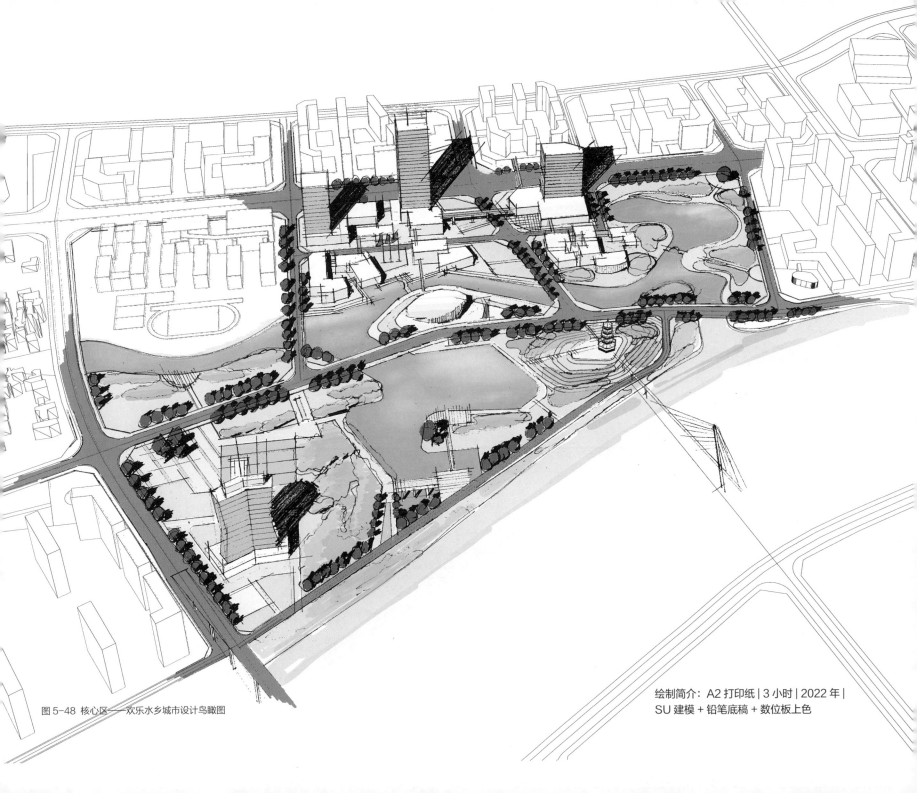

图 5-48 核心区——欢乐水乡城市设计鸟瞰图

绘制简介：A2 打印纸 | 3 小时 | 2022 年 |
SU 建模＋铅笔底稿＋数位板上色

附录

备注

① 该部分内容主要参考：陈志华．外国建筑史 [M]．北京：中国建筑工业出版社，2010；罗小未．外国近现代建筑史 [M]．北京：中国建筑工业出版社，2004.

② 江西信丰高铁新城概念规划暨城市设计，由袁奇峰教授主持，与华南理工大学建筑设计研究院有限公司、法国 AAUPC 建筑规划事务所、赣州市国土空间调查规划研究中心联合完成。

③ 东莞水乡新城（洪梅）概念规划，由袁奇峰教授主持，与雅克设计有限公司、东莞市城建规划设计院联合完成。

④ 沈阳马耳山村美丽乡村规划，由张晓云副院长（时任东北大学建筑学院副院长、现任沈阳市城市规划设计研究院副院长）主持，是作者"真题假做"的毕业设计。

⑤ 山西省稷山县西社镇广场设计，由焦云祥所长（时任山西省城乡规划设计研究院一所所长）主持，是作者在山西省城乡规划设计研究院实习期间参与的项目。

⑥ 佛山市南海区东风水库景观设计，由袁奇峰教授主持，是一项前期研究的项目。

⑦ 佛山市九江镇大转弯鱼珠木材市场改造设计，由黄哲博士主持，是一项前期研究的项目。

⑧ 杭州之江未来社区设计，由袁奇峰教授主持，与广州华南空间规划咨询有限公司联合完成。

⑨ 儋州滨海新区概念规划暨核心区城市设计，由袁奇峰教授主持，与雅克设计有限公司联合完成。

⑩ 深珠合作示范区后环片区城市设计，由袁奇峰教授主持，与华南理工大学建筑设计研究院有限公司、德国 ISA 意厦国际设计集团联合完成。

⑪ 杭州之江新城城市设计，由袁奇峰教授主持，与广州中大城乡规划设计研究院有限公司联合完成。

⑫ 佛山西站新城城市设计，由袁奇峰教授主持，与雅克设计有限公司联合完成。

⑬ 广湛高铁佛山站片区规划设计，由袁奇峰教授主持，与雅克设计有限公司联合完成。

参考文献

[1] 任春祎．西安碑林博物馆入口空间研究 [D]．西安：西安建筑科技大学，2005.

[2] 赵金迪．西安碑林历史街区文化产业空间实态调查研究 [D]．西安：西安建筑科技大学，2019.

[3] 郭华．晋商文化影响下的常家庄园宅园园林研究 [D]．西安：西安建筑科技大学，2019.

[4] 杨宝静．山西园林中的人居环境解析——以常家庄园为例 [D]．西安：西安建筑科技大学，2016.

[5] 李祖原．台北 101 大楼 [J]．建筑学报，2005（05）：32-36.

[6] 宋文．山西榆次后沟古村落景观研究 [D]．北京：北京林业大学，2013.

[7] 宋学敏．山西榆次后沟古村聚落空间特征分析 [D]．北京：中央美术学院，2021.

[8] 孙贺楠．东北大学南湖校区校园规划及历史建筑设计研究 [D]．沈阳：东北大学，2017.

[9] 刘宗刚，王新文．现代遗产视角下的西安高校建筑——对西安建筑科技大学东楼的信息记录 [J]．建筑与文化，2016（01）：71-72.

[10] 生琴．环境·造型与功能——西安建筑科技大学新图书馆设计方案散论 [J]．南方建筑，1997（02）：58-59.

[11] 肖莉，刘克成．贾平凹文学艺术馆 [J]．建筑学报，2008（09）：67-71.

[12] 林家奕，李文红，姜文艺．"有机更新"理论指导旧老建筑更新改造初探——记华南理工大学旧体育馆更新改造设计 [J]．长安大学学报（建筑与环境科学版），2004（01）：44-46+54.

[13] 倪阳，何镜堂．环境·人文·建筑——华南理工大学逸夫人文馆设计 [J]．建筑学报，2004（05）：46-51.

[14] 何镜堂，郭卫宏，倪阳，等．广州大学城华南理工大学新校区规划设计 [J]．南方建筑，2008（03）：70-77.

[15] 王毛真．荐福寺小雁塔整体环境的保护与发展研究 [D]．西安：西安建筑科技大学，2010.

[16] 韩炜．基于"保持古都风貌"的西安主城门地段城市设计研究 [D]．西安：西安建筑科技大学，2013.

[17] 黄思达．西安钟楼营造做法研究 [D]．西安：西安建筑科技大学，2016.

[18] 程晓楠. 湘西山区历史文化名镇街巷空间基因识别及传承研究 [D]. 株洲：湖南工业大学，2022.

[19] 蒋朝辉. 浅谈历史文化遗产地区保护的空间战略思维——以拉萨布达拉宫地区的保护规划研究为例 [J]. 国外城市规划，2006 (02)：29-34.

[20] 肖竞，曹珂. 今生的前世——从布达拉宫的"形意轮回"看卫藏地标建筑的历史层积 [J]. 新建筑，2018 (03)：152-157.

[21] 朱美蓉，索朗白姆. 基于类型学的拉萨历史建筑周围环境分析——以大、小昭寺周围环境为例 [J]. 城市建筑，2020，17 (13)：144-147.

[22] 袁奇峰，李刚，戚芳妮. 粤港澳大湾区中的广佛大都市区空间演化与重构 [J]. 南方建筑，2019 (06)：52-58.

[23] 刘虹. 岭南建筑师林克明实践历程与创作特色研究 [D]. 广州：华南理工大学，2013.

[24] 彭长歆. 一个现代中国建筑的创建——广州中山纪念堂的建筑与城市空间意义 [J]. 南方建筑，2010 (06)：52-59.

[25] 陈翠珍. 文脉主义视角下广州沙面租界区色彩研究 [D]. 广州：广州大学，2020.

[26] 姜一公. 武汉的辛亥建筑之红楼——革命的摇篮 [J]. 新建筑，2011 (05)：28-29.

[27] 向欣然. 论黄鹤楼形象的再创造 [J]. 建筑学报，1986(08)：41-47+82-83.

[28] 杨煦. 重构布达拉——承德普陀宗乘之庙的空间布置与象征结构 [J]. 建筑学报，2014 (Z1)：128-135.

[29] 陆琦. 承德普陀宗乘之庙 [J]. 广东园林，2023，45 (01)：98-100.

[30] 钱东洋，向婷慧，范太朝，等. 红色历史建筑的价值及保护策略研究——以云南陆军讲武堂为例 [J]. 城市建筑，2021 (S1)：93-96.

[31] 常青. 存旧续新：以创意助推历史环境复兴——海口南洋风骑楼老街区整饬与再生设计思考 [J]. 建筑遗产，2018 (01)：1-12.

[32] 陈金泉. 客家古村白鹭的民居建筑 [J]. 小城镇建设，2003 (03)：55-56.

[33] 韩冬青. 当前我国城市设计的实践类型及其所面临的挑战 [J]. 江苏建筑，2018 (01)：8-10.

[34] 王建国. 中国绿色城市设计的概念缘起、策略建构和实践探索 [J]. 城市规划学刊，2023 (01)：11-19.

[35] 袁奇峰. 谋划 策划 规划——袁奇峰城市规划工作室 城市设计集 [M]. 广州：华南理工大学出版社，2023.

[36] 袁奇峰. 北京与雄安，在区域尺度上建设首都 [J]. 北京规划建设，2017 (06)：178-183.

后记 · 画纸让成长更美好

误入而结缘，学习中恋上

高考结束填报志愿时，因建筑类专业要求美术基础而完全未予考虑，结果却阴差阳错被调剂到城市规划专业。对于一个农村孩子来说，城市都没怎么见过，又何谈城市规划呢。一个真实的笑话反映了真实的无知。一次班级在沈阳市府广场开展活动，我突然发现来时公交车站在广场东，回时换到了广场西，后来才知道这叫单行线。

由于课程需要，我开始摸索着学习绘画，准确说是学绘建筑钢笔画。那时，彭一刚先生的《建筑空间组合论》和夏克梁老师的《建筑钢笔画——夏克梁建筑写生体验》成为最主要的"食粮"，在大学一、二年级，我临摹了两本书上的每一张图、每一幅画。遗憾的是，临摹夏克梁老师的那本速写本却不知遗失在哪里了。

也是那个时候，开始了课程设计，在同学们都使用电脑渲染的时候，我却独独喜欢上徒手表达，建筑写生也成为生活日常。而在研究生备考的整整一年中，我因应试开始了高强度的练习，每周一套快题设计，足足画了几十套。就这样，在学习中爱上了建筑写生，在课程设计及应试中训练了徒手表达。

快乐的时光，自由的成长

2014年秋，我来到西安建筑科技大学读研究生。研究生的三年是一段很难得的时光，特别是前往台湾交换学习的半年，大量的时间我与旅行、写生相伴，写生练习让我的技能得到不小的提升。

2015年，在导师于洋老师的鼓励和支持下，我申请前往台湾中国文化大学交换学习。在台湾导师江益璋老师的指导和帮助下，我和江老师合著完成了《建筑写生的10个练习——以铅笔速写提升建筑的观察力》一书，于2016年6月由台湾田园出版社出版发行。

在研究生的三年里，我周末带着画板走西安，假期带着画板回老家写生，在台湾带着画板环岛旅行，也有机会前往西藏等地考察，在博士备考复习中将建筑史课本中的建筑画下来。这三年我画满了五个速写本，画了大大小小几百张写生、习作。

规划中应用，实践中学习

将徒手表达的专业爱好应用在规划实践上主要是跟随导师袁奇峰教授读博之后。2017年秋，我来到华南理工大学，成为袁门弟子。几年来，在袁老师指导下参与多个城市设计项目，袁老师"产学研"一体的培养方式于我受益匪浅。

第一次深入体会的实践项目是儋州滨海新区概念规划暨核心区城市设计，规划核心思路是"面对问题、理性应对"，提出"以城补岛"、以中央公园带重塑城市景观等。在杨廉、项振海两位师兄的指导下，第一次浅浅地领悟到袁老师提倡的"研究型规划""谋划、策划、规划"的思想。记忆深刻的是绘制了一张1m宽、2.5m长的巨幅平面图，铺满了整个会议桌。

而徒手表达应用最为深入的是之江未来社区规划，袁老师带领我和4位师弟师妹在杭州驻场工作半个月。时间紧、任务重，而且是异地开展工作，徒手表达展现了很好的优势，以Sketch Up辅助建模＋铅笔底稿＋数位板上色的形式，完成了鸟瞰图表达，取得了很好的效果。

感恩中前行，感悟中前进

建筑写生、徒手表达为我的学习成长打开了一扇门。原本徒手表达是城市规划及建筑设计专业的基本功，如今似乎越来越成为一个"鸡肋"技能。对于当前的自己，面向以科研为指标的考核，建筑写生、城市设计似乎毫无用处，但我依然相信它有着专业价值。不为功利、遵循本心、行吾所爱，是整理出版本书的初衷。

一路走来，最要感谢的是我的导师及各位老师。而本书的出版要特别感谢夏克梁老师拨冗指导并作序，感谢黄文忠老师引荐；要特别感谢王世福老师、陈纪鑫老师在出版资助申请中的指导和帮助；还要特别感谢华南理工大学出版社周芹老师，周老师对书稿编撰的认真和专业，让人无比敬佩。

2023年11月26日晚
于华南理工大学博士后公寓